KLEINE TEXTE FÜR THEOLOGISCHE UND PHILOLOGISCHE VORLESUNGEN UND ÜBUNGEN
HERAUSGEGEBEN VON HANS LIETZMANN
60

EDWARD YOUNGS GEDANKEN ÜBER DIE ORIGINALWERKE
IN EINEM SCHREIBEN AN SAMUEL RICHARDSON

ÜBERSETZT VON H. E. v. TEUBERN

HERAUSGEGEBEN
VON
KURT JAHN

BONN
A. MARCUS UND E. WEBER'S VERLAG
1910

Die bedeutung von Youngs originalitätstheorie für die gedanken bildung der genialen epoche ist nicht leicht zu überschätzen. Sein brief wurde sofort zweimal übersetzt: neben der hier vorgelegten übertragung erschien eine verdeutschung in dem zweiten stück (1760) der „Freymüthigen Briefe über die neuesten Werke aus den Wissenschaften in und außer Deutschland", von kritischen referaten nicht zu reden; und noch 1787 konnte eine neue übersetzung auf interesse hoffen („Ueber den Geist der Originalwerke. Aus d. Engl. Mit einem sendschreiben des herausgebers". Leipzig. 8^{0}).

Für einen neudruck konnte nur die älteste übertragung (A) in frage kommen, da ihre weite verbreitung durch eine zweite auflage (B) von 1761 bezeugt ist. Sie stellt eine stilistische überarbeitung der ersten dar. Deshalb erschien es, bei der bedeutung dieser jahrzehnte für die bildung des klassischen schriftdeutsch, geboten, ihre lesarten unter dem text anzumerken, um deutlich zu machen, was einem schriftsteller damaliger zeit als formal besserungsbedürftig erschienen ist.

Da unsere ausgabe ausschließlich wissenschaftlichen zwecken bestimmt ist, so ist jede modernisierung oder vereinheitlichung der schreibung verwerflich, weil sie eine der wichtigsten aufgaben germanistischen unterrichts, die lehre von der behandlung der texte, erschwert oder vereitelt hätte. Nicht weniger hätten vergleiche mit dem original den ertrag wissenschaftlicher übungen unzulässig vorweggenommen. Die zahlreichen sperrungen konnten dagegen ohne schaden für das verständnis wegbleiben.

Bei der beschaffung der seltenen texte hat mir das auskunftsbureau der deutschen bibliotheken seine bewährte hülfe zu teil werden lassen.

Halle a. S. Kurt Jahn.

Gedanken

über die

Original-Werke

In einem Schreiben des D. Youngs
an den Verfasser des Grandison

Aus dem Englischen

Leipzig
bey Johann Samuel Heinsii Erben
1760

---

5 A an dem verfasser 6/7 Zweyte Auflage

Zuschrift

an den

Herrn Heinrich Adolph

Grafen von Brühl

Sr. Königl. Majestät in Pohlen
und Churfürstl. Durchl. zu Sachsen
Cammerjunker

---

4 Brühl, Herrn auf Bedern, Sr.

Gnädiger Graf,

Sie denken so edel, daß Sie die Schrift eines Youngs mit Empfindung lesen, und so gütig, daß Sie auch eine Uebersetzung davon mit Vergnügen annehmen. Darf ich wohl mehr zu Ihrem Ruhme und zu meiner Entschuldigung sagen? Aber vielleicht fordern Sie von mir, daß ich Ihnen, indem ich Ihnen diese Uebersetzung widme, kein unvollkommenes Geschenk machen möge. Die Welt, werden Sie sagen, kann es kaum vergeben, wenn man einen Schriftsteller von der gewöhnlichen Größe in einer Uebersetzung erniedriget. Aber einen Young in einer fremden Sprache sich nicht so erhaben ausdrücken lassen, als er in der seinigen geredet hat, dieß ist ein Verbrechen wider die Majestät des Genies. Ich gestehe es Ihnen, Theuerster Graf, ich habe diesen Vorwurf schon im voraus gefühlt, wenn ich auch nicht so unglücklich seyn sollte, ihn wirklich zu verdienen. Ich zitterte, als ich auf die Stelle kam, da Young die Uebersetzer mit den Fußgestellen schöner Statuen vergleichet, die nur das Ansehen der Bildseule immer mehr erheben, iemehr sie das ihrige erniedrigen. Aber ich bedachte, daß oft die schönste Bildseule für viele gar nicht sichtbar seyn würde, wenn sie nicht, auch nur auf einem mittelmäßigen Piedestal gezeigt wäre; und ich hoffte also, wenigstens für einige Leser etwas Nützliches zu thun, und übersetzte weiter.

Endlich ist das Unvermögen, die Gedanken eines Youngs in einer eben so starken Sprache, als die seinige ist, zu sagen, nicht ganz meine Schuld, sondern oft mehr die Schuld unserer Sprache überhaupt, und besonders der Freyheiten, die sich ein Genie, wie Young, allein erlauben darf, weil es sie, wenn es auch glänzende Fehler wären, durch noch glänzendere Schönheiten ersetzet. Youngs Sprache ist über die gewöhnliche Sprache der Welt und der Scribenten erhaben, und es ist für beyde demüthigend, daß auch seine Art zu denken, nicht die allgemeine ist. Je mehr er sich dem Perioden nähert, wo er anfangen wird, der vollkommnere Bürger der künftigen Welt zu werden, weil er längst aufgehöret hatte, nur ein gewöhnlicher Bewohner der gegenwärtigen zu seyn; desto mehr entfernet sich dieser fromme Greis von seinen Zeitverwandten, und denket mit einer Hoheit, und spricht mit einer Richtigkeit, welche ungewöhnlich ist. Ich würde zufrieden seyn, wenn Sie, Liebster Graf, dieselbe in den folgenden Blättern nicht ganz vergebens suchten. Zwar werden Sie nicht die Arbeit eines Eberts finden, vor dessen

3 A gütig daß   15 vergleicht   16 ie mehr   Doch ich   19 wäre; ich   21 Ueberhaupt ist   22 ist, auszudrücken   23 Sprache selbst. Ja es entsteht aus denenjenigen Freyheiten   32 denkt

Namen sich alle Uebersetzer des Youngs eben so sehr fürchten müssen, als vor dem Originale selbst; denn wie wenige können gleich ihm, ihren Autor mit eben demjenigen Geiste übersetzen, mit welchem er geschrieben hat! Aber da ich weis, daß bey Ihrer Critik über mein Stück, Ihre Gewogenheit gegen mich, auch eine Stimme hat, so kann ich mich in dieser Aussicht beruhigen. Ueberhaupt, Liebster Graf, gehörte Ihnen diese Schrift nach dem strengsten Rechte. Sie enthält eine Aufmunterung für die jungen Freunde der Wissenschaften, Original-Scribenten zu werden. Wie sehr können wir dieß von Ihrem Fleiße hoffen! Sie enthält in vielen Stellen geheime Ermahnungen, daß wir große Original-Charactere der Weisheit und Tugend seyn möchten. Wie sehr kann dieß unser Vaterland von Ihren Bemühungen erwarten!

Ich bitte um die Fortsetzung ihrer Gewogenheit, und werde sie durch die aufrichtigste Hochachtung zu verdienen suchen, mit der ich verbleibe,

Gnädiger Graf,

Ihr
gehorsamster Diener und Freund
v. T.

Si habet aliquod tanquam pabulum studii, et doctrinae, otiosa senectute nihil est iucundius. Cicero.

D. Young an Herrn Richardson.

Theuerster Freund!

Die Thorheiten unserer Jugend gestehen wir ohne roth zu werden; aber nicht so die Thorheiten unsers Alters. Nichtsdestoweniger bitte ich Sie, hören Sie mich einen Augenblick gedultig an, und bedenken Sie, daß das Alter einige Ergötzungen mehr braucht, ob es gleich nicht so leicht, wie die vorhergehenden Perioden des Lebens, sie entschuldigen kann. Ich weis nicht, wie Ihnen dieser Zeitvertreib, den ich Ihnen hier schicke, gefallen wird. Er ist in seiner Art vermischt, etwas frey in seiner Ausführung, und vielleicht nicht allzuwichtig in seinem Endzwecke. Ich habe mich aber doch bemüht, ihm dadurch einigen Werth zu geben, daß ich oft in wichtigere und für den Zeitpunkt meines Lebens anständigere Materien, ausgeschweifet bin. Ein ernsthafter Gedanke, der unter einer Menge von munterern Gedanken alleine stehet, wird oft den sorglosen Leser, der nur

25 unser Alters Df. Nichts destoweniger 27 f braucht, als die vorhergehenden Perioden des Lebens, ob es sie gleich weniger entschuldigen kann.

Ergötzungen aufsuchet, in ein heilsames Erstaunen setzen; so wie marmorne Grabmäler, die in einem weiten Lustgarten zerstreut sind, (und man findet dergleichen) diejenigen erinnern, einmal an sich zu denken, die diesen Gedanken auch auf einem Spatziergange unter traurigen Eybenbäumen eines Kirchhofes, nicht gesuchet hätten.

Zu so einem Grabmaale werde ich Sie führen, darinnen ein verborgenes Licht, gleich den Lampen in den Gräbern der Alten scheinet, welches aber nicht gleich jenen verlöschen, sondern nur noch heller glänzen wird, wenn man es, nachdem es lange verborgen war, an den Tag bringet.

Sie erinnern sich, daß Ihr würdiger Gönner und unser gemeinschaftlicher Freund, eben damals einige Fragen über das ernsthafte Drama aufwarf, als er unsere Gedanken über die Original-Werke und Moralischen Schriften wissen wollte. Ob ich nun gleich fürchte, daß ich mich nicht durch das Eis des Alters, und durch die Wolke der Sorgen, die schwer auf mir liegt, werde durcharbeiten, noch zu dem Strome von Gedanken und dem Glanze des Ausdrucks gelangen können, den solche feine Materien fordern; so will ich es doch wagen, einige Gedanken darüber aufzuschreiben.

Ich mache den Anfang mit der Original-Composition[1]) um so viel lieber, weil es mir eine Original-Materie zu seyn scheint, da ich bisher noch nichts davon gelesen habe. Zuerst aber muß ich einige Betrachtungen über die Composition überhaupt machen. Einige sind der Meinung, daß der Anwachs der Schriften nur allzugroß sey, und daß die Presse nur allzusehr beschweret werde. Allzusehr beschweret, glaube ich, könnte sie nie werden, wenn keine Schrift da angenommen würde, als die, welche ihr Imprimatur von dem gesunden Verstande und dem allgemeinen Besten erhalten hätte. Ja, dem Witze, auch dem glänzendsten Witze, sollte es nicht erlaubt seyn, in sich selbst verliebt, seine eitlen Annehmlichkeiten in dieser Quelle des Nachruhms (wenn ich die Presse so nennen darf) zu bewundern, wenn er auf nichts weiter als auf seine Schönheit stolz seyn kann; sondern er sollte gleich dem ältern Brutus sein geliebtestes Kind dem heiligen Interesse der Tugend, und dem wirklichen Dienste des menschlichen Geschlechts aufopfern.

Mit dieser Einschränkung kann man behaupten, daß ie mehr Schriften erscheinen, ie besser sey es. Für Männer, die Gelehrsamkeit und Muße haben, sind sie nicht nur ein edler Zeitvertreib, sondern auch eine angenehme Zuflucht. Sie erhöhen ihre Talente und vermehren ihre Ruhe;

1) Dieses Kunstwort in den schönen Wissenschaften ist vielleicht noch sehr fremd. Ich habe es an solchen Stellen zu vermeiden gesucht, wo der Verstand selbst mir diese Abweichung erlaubte. Uebs.

5 Kirchhofs gesucht 9 ie mehr man 17 werde gelangen 26 A B allgemeinem Df. 28 eiteln 40 Uebers.

sie eröffnen ihnen einen geheimen Ausgang aus dem Tumulte dieser geschäftigen und eiteln Welt, in einen angenehmen Garten voll Früchte und Blumen für das Herz und für den Verstand, zu dem der Schlüssel den übrigen Menschen versagt ist. Wenn wir von fruchtlosen Sorgen gequält, oder von unnützen Schwätzern abgemattet, oder durch hirnlose Ergötzungen eingeschläfert worden; dann fühlen wir das Glück einer gelehrten Einsamkeit. Mit welcher frohen Empfindung kehren wir zu unsern uneigennützigen und unsterblichen Freunden in unser Cabinet zurück, und finden unser Gemüth, wenn wir es auf eine geliebte Materie aufmerksam machen, eben so natürlich und eben so leicht beruhiget und erquicket, als die unwilligen Kinder, (und unwillige Kinder sind wir alle, bis wir einschlafen) wenn sie gestillet werden. Wir erhalten dann unser Glück nicht mehr von der Gütigkeit der andern; wir stehen nicht mehr so in der Gefahr zu fallen, als wenn wir uns, um auszuruhen, auf den nur kurze Zeit geliehenen, und gefährlichen Pfühl, auf das Vergnügen der andern, niederlegen. Wie wenig hanget derjenige von der Welt ab, der täglich neue Bekannte finden kann, die ihn in der kleinen Welt, in der kleinen aber fruchtbaren Schöpfung seines eigenen Geistes, so wohl unterhalten als vollkommener machen können.

Diese Vortheile verschaffen uns die Arbeiten des Geistes, wir mögen nun entweder selbst schreiben, oder mit einer bescheidenern Ergötzung die Werke der andern lesen. Mitten in den geräuschvollen Labyrinthen des öffentlichen Lebens, worinnen wir umher schwärmen, verschaffen uns diese Arbeiten des Geistes wenigstens eine Ruhe von Sorgen, eine angenehme Pause, eine erquickende Erholung. Befinden wir uns durch unsere Wahl oder durch unser Schicksal auf dem Lande, so bewahren uns dieselben vor der Trägheit und Sinnlichkeit, welche gleich bösen Insekten sich nach und nach unvermerkt in die anmuthige Laube, wohin wir geflohn sind, einschleichen, und alle ihre Annehmlichkeiten vergiften können. Das Bewustseyn eines Lasters raubt der Rose ihren Geruch, der Lilie ihren Glanz, und macht ein Eden zu einer erstorbenen und schreklichen Gegend.

Ja, wenn wir des Lebens unendliche Uebel betrachten, wie könnten wir klüger handeln, als wenn wir auf die Mittel denken, uns darinnen zu trösten? Ein Trost, den die weisesten Männer in den Vergnügen ihrer Arbeiten gefunden haben. Davon sind unter vielen andern, Thucydides, Xenophon, Tullius, Ovid, Seneka, und Plinius der jüngere, ein Beweis. Der leztere sagt, daß er bey der Krankheit seiner Gemahlinn, bey den Gefahren seiner Freunde, und in der Betrübniß über ihren Tod, zu den Studien, zu der einzigen Linderung seiner Schmerzen geflohn sey. Und warum sollte ich nicht diesen Männern, ihre neuern, ähnlichen Freunde, Chaucern, Raleigh, Baco, Milton, Clarendon, an die Seite setzen, die eben

---

2 in einem Df. 5 Schwätzern ermüdet 10 beruhigt 12 Dann erhalten wir 14 A geliehen Df. 23 eine kleine Ruhe

so bewaffnet, vom Unglücke nicht verwundet wurden, und in widrigen Schicksalen großmüthig lächelten?

Die Composition war für dieselben eine Erquickung bey den Widerwärtigkeiten des Schicksals. Aber es giebt Uebel, die auch durch ihre Annehmlichkeiten weder verhindert noch geheilet werden können. Darunter gehören die Schwachheiten eines hohen Alters. Wenn man diejenigen hochschätzet, die in einer durch die Zeit entkräfteten Hand, das gerechte Schwerdt zu der Vertheidigung ihres Vaterlandes geführet haben; warum sollten diejenigen unsere Achtung weniger verdienen, die bis zuletzt ihre nie müßige Feder zu dem Vortheile der Religion, der Tugend und der Gelehrsamkeit gebraucht haben? Beyde sind darinnen glücklich, daß sie ihre Aufmerksamkeit auf die wichtigsten Gegenstände gerichtet, und dadurch unzähligen kleinen Bekümmernissen und dem Ueberdrusse des Lebens entgangen sind, der oft so dick über dem Abend desselben hänget. Wird dieß nicht vielleicht zu einiger Vertheidigung für mich dienen, daß ich so spät in meinem Leben noch die Dinte verschwendet und das Pappier verderbet habe?

Aber es giebt Männer, die zu dem Vergnügen der Welt und zu ihrem eigenen Ruhme muthig und glücklich schreiben. Dieß sind die edeln Früchte von dem Vorzuge des Genies. Der Geist eines Mannes, der Genie hat, ist ein fruchtbares und angenehmes Feld, angenehm wie Elisium und fruchtbar, wie Tempe; es genießt einen immerwährenden Frühling. Die schönsten Blumen dieses Frühlings sind die Originale. Die Nachahmungen wachsen geschwinder; aber sie haben nur mattere Blumen. Die Nachahmungen sind von doppelter Art. In einigen wird die Natur, in andern werden die Autoren nachgeahmet. Wir nennen die erstern Originale, und behalten den Namen der Nachahmung nur für die letztern. Ich will mich nicht in die merkwürdige Untersuchung vertiefen, was eigentlich ein Original sey oder nicht. Ich begnüge mich dieß zu behaupten, was mir alle einräumen müssen, daß einige Schriften mehr Original sind, als andere; und ie mehr sie es sind, um so viel vollkommener sind sie, nach meiner Meinung. Originale sind unsere großen Lieblinge, und sie müssen es auch seyn; denn sie sind große Wohlthäter; sie erweitern das Reich der Wissenschaften, und vergrößern ihr Gebiete mit einer neuen Provinz. Nachahmer geben uns nur eine Art von Dupletten, von dem, was wir schon vorher und vielleicht weit besser besaßen; sie vermehren nur die bloße Anzahl der Bücher, weil alles, was ein Buch schätzbar macht, Gelehrsamkeit und Genie bey ihnen fehlt. Die Feder eines Original-Scribenten ist gleich Armidens Stabe, der aus einer dürren Wüste einen blühenden Frühling hervorbringt. Fern von diesem blühenden Frühlinge ist der Nachahmer, der die Lorberzweige nur verpflanzet, welche

---

13 und jenem 17 verderbt 26 f Die erstern nennen wir 35 Duppletten

oft bey dieser Versetzung eingehen, oder doch allezeit in einem fremden Boden schwächer fortkommen.

Doch gesetzt, der Nachahmer wäre ganz vortrefflich (und einige sind es wirklich) so bauet er doch nur mit Anstand auf eines andern Grunde; und endlich ist das, was er schuldig ist, dem gleich, was ihm Ehre macht; deswegen kann dieß, wenn es abgewogen wird, nicht sehr beträchtlich seyn. Ein Original hingegen, wenn es auch nur mittelmäßig ist (und hier setzet man bey Seite, in wie fern es ein Original ist) hat doch etwas, worauf es stolz seyn kann; es hat ein Recht mit Horazen zu sagen:

Arm bin ich, doch allein mein eigner Schuldner[1])

und keinen geringern Ehrgeitz zu haben, als Cäsar, der lieber in einem Dorfe der erste, als der zweyte in Rom seyn wollte.

Noch mehr; ein Nachahmer theilet seine Krone, wenn er eine erhält, mit dem Gegenstande, den er sich zu seiner Nachahmung erwählet hat; ein Original genießt einen ungetheilten Beyfall. Man kann von einem Originale sagen, daß es etwas von der Natur der Pflanzen an sich habe; es schießt selbst aus der belebenden Wurzel des Genies auf; es wächset selbst, es wird nicht durch die Kunst getrieben. Nachahmungen sind oft eine Art von Manufactur-Arbeit, die durch die beyden Meister, durch Kunst und Fleiß aus Materialien, die nicht ihr eigen sind, und schon vorher da waren, hervorgebracht worden.

Ueberdieß lesen wir Nachahmungen fast eben so schläfrig, als wir eine Erzählung anhören, die zum zweyten male erzählet wird. Bey einem Originale wird unser Geist erweckt; dieß ist ein wirklicher Fremdling, und alle drängen sich hinzu, einige Neuigkeiten aus einem fremden Lande zu erfahren; und ob es wohl nur mit einigen Federn geputzt, gleich einem Indianischen Prinzen, ankömmt, ohne viel wichtiges mit zu bringen; so wird es doch unsere Aufmerksamkeit von einem gründlichern Werke, wenn es nicht eben so neu ist, abziehen. So werden auf einen neu entdeckten Stern alle Fernröhre gerichtet; er macht hundert Astronomen in einem Augenblick, und raubt der Sonne eine gleiche Aufmerksamkeit. Aber wenn ein Original, das eben so vollkommen als neu ist, außer dem Erstaunen noch Bewunderung verursacht, dann sind wir in der Gewalt des Scribenten; auf den hohen Flügeln seiner Einbildungskraft werden wir von Britannien nach Italien, von einer Himmelsgegend zu der andern, von einer Freude in die andere versetzet; wir bleiben nirgends stehen; wir denken nicht mehr selbst, bis der Zauberer seine Feder niederleget; und dann sinken wir in uns selbst zurück; wir erwachen, aber nur zu bloßen Realitäten wieder,

1) Meo sum Pauper in aere. Hor.

4 Grund 9 A sagen; Df. 23 zweytenmal 24 Fremdling; alle 27 wichtigen Df. 29 A B auf einem Df. 38 zu traurigen

und beseufzen den Wechsel, gleich dem Bettler, der sich im Traume ein Fürst zu seyn dünkte.

Es gehet mit den Gedanken, wie mit den Wörtern, und mit beiden, wie mit den Menschen; sie müssen alt werden und sterben. Wörter, die ihren Glanz verloren haben, weil sie durch den Mund des Pöbels gegangen sind, werden als unedle und veraltete Wörter verworfen. So sollten auch die Gedanken, wenn sie allzugemein geworden, ihre Gangbarkeit verlieren, und wir sollten neues Silber in die Münze, das heißt, neue Gedanken in die Presse schicken. Die Verwirrung der Sprachen in Babel konnte die Menschen nicht stärker verhindern, sich einen Namen zu machen, (wie die Schrift redet) als die allzugroße Uebereinstimmung oder Einförmigkeit in ihrer Art sich auszudrücken, beständig thun wird. Wir können eben so leicht durch eines andern Tugend rechtschaffen, und durch eines andern Unterhalt genähret werden, als durch eines andern Gedanken, berühmt. Die Welt wird nur einmal den Tribut ihres Lobes bezahlen; aber eine zweyte Anforderung wird sie wie einen Betrug nur verlachen, an statt ihren Beyfall zu geben.

Man könnte einwenden, daß die meisten von den Lateinischen Classischen Schriftstellern, und alle die Griechen, ausgenommen vielleicht Homer, Pindar und Anakreon, unter die Zahl der Nachahmer gehören, und dennoch unsern größten Beyfall erhalten. Wir antworten darauf, daß dieselben, obgleich nicht wirkliche dennoch zufällige Originale sind. Die Werke, die sie nachgeahmet haben, sind außer wenigen verloren gegangen. Sie nehmen nach ihrer Väter Absterben, als rechtmäßige Erben, Besitz von ihren Gütern der Ehre. Aber die Väter unserer Copisten sind noch immer selbst im Besitze, und sie werden darinnen trotz den Gothen und den Flammen, durch die verewigende Macht der Presse erhalten. Derjenige Nachahmer unter den Neuern, wird sehr spät seinen Ruhm erhalten können, der auf ihr Absterben warten will.

Ein Original gelangt zeitig zu seinem Ansehen. Die Göttin des Ruhms, für das neue Verdienst eingenommen, läßt ihre Posaune zum Triumphe bey seiner Geburt erschallen; und doch, wie wenige werden dadurch zu dem edlen Ehrgeitze erwecket, gleiche Versuche zu wagen! Der Ehrgeitz ist bisweilen in dem Leben kein Fehler; in der Composition ist er allezeit eine Tugend. Hoch in den aufgethürmten Alpen ist die Quelle des Po; hoch im Ruhme und im Alterthume ist die Quelle der Unternehmungen eines Nachahmers; aber beyde, der Fluß und die Nachahmung, kriechen demüthig unten im Thale.

So wenig Originale haben wir, daß, wenn alle andere Bücher verbrannt werden sollten, die gelehrte Welt einer Residenz in Flammen ähnlich seyn würde, wo nur noch wenige unverbrennliche Gebäude, ein

---

33 erweckt

Schloß, ein Tempel oder ein Thurm ihre Häupter erheben in melancholischer Größe, mitten unter der allgemeinen Verwüstung. In Vergleichung mit diesem Brande zündete jener alte Omar nur ein kleines Freuden-Feuer an, als er die Bäder der Barbaren, acht Monate lang, mit dem unschätzbaren Raube der berühmten Alexandrinischen Bibliothek erhitzen ließ, damit kein unheiliges Buch den triumphirenden Fortgang seines heiligen Korans auf dem ganzen Erdboden aufhalten möchte.

Aber warum giebt es so wenig Originale? Nicht darum, weil die Erndte der Scribenten vorüber ist, und weil die großen Schnitter des Alterthums keine Nachlese übrig gelassen haben; auch nicht deßwegen, weil die Gebärungs-Zeit des menschlichen Verstandes verflossen ist, oder weil er unvermögend wäre, eine Geburt hervorzubringen, die noch nie da gewesen; sondern weil berühmte Beyspiele an sich ziehen, mit Vorurtheil erfüllen und zaghaft machen. Sie ziehen unsere Aufmerksamkeit an sich, und verhindern uns dadurch an der gehörigen Erforschung unserer selbst; sie erfüllen unsere Beurtheilungskraft mit Vorurtheil für ihre Geschicklichkeit, und so verringern sie in uns das Gefühl unserer eigenen; sie machen uns endlich zaghaft durch den Glanz ihres Ruhms, und so ersticken sie unsere Fähigkeiten durch unser Mißtrauen. Das was unserer Natur wirklich unmöglich ist, ist weit unterschieden von dem, was unserm Mißtrauen unmöglich scheint.

Halten Sie mich nicht im Verdacht, als wenn ich schwach genung wäre, irgend etwas zum Vortheile der Neuern in Vergleichung mit den Alten Autoren zu sagen; nein, ich beklage es, daß sie nur allzuweit unter ihnen stehen. Aber ich halte es nicht für eine Nothwendigkeit, daß sie unter ihnen stehen müssen; ich glaube nicht, daß es von einer göttlichen Einrichtung, sondern von einer Ursache herrühret, die sehr menschlich ist[1]). Ich glaube, daß die Seele des Menschen in allen Zeitpunkten von gleicher Vollkommenheit ist; daß uns die gehörige Sorgfalt und Uebung unsern unsterblichen Vorgängern weit näher bringen würde, als wir ihnen itzt sind; und der, welcher dieß in Zweifel ziehet und widerlegt, wird eine Geschicklichkeit zeigen, die keinen schwachen Beweis von eben der Gleichheit geben wird, die er doch leugnet.

Endlich ist es für die Ersten unter den Alten kein Verdienst, daß sie Originale sind; sie konnten nicht Nachahmer seyn. Die neuern Scribenten können wählen; und deßwegen steht es in ihrer Gewalt, sich ein Verdienst zu erwerben. Sie können sich zu den Sphären der Freyheit aufschwingen, oder in den sanften Fesseln einer leichten Nachahmung

---

1) Im Englischen stehet: beneath the moon. Enquiry into the Life of Homer. p. 76.

---

8 Nicht deßwegen, 22 genug 39 A En quiry Df.

bleiben; und die Nachahmung kann eben so viel wahrscheinliche Gründe für sich anführen, als die Wollust dem Herkules zeigen konnte. Herkules wählte, ein Held zu seyn, und so ward er unsterblich.

Doch die, welche die Würde der Classischen Schriftsteller vertheidigen, dürfen sich nicht einbilden, daß ich ihnen denjenigen Tribut versage, den sie so sehr verdienen. Wer die alten Schriftsteller nicht bewundert, der verräth ein Geheimniß, das er gern verbergen wollte, und sagt der Welt, daß er sie nicht versteht. Wir hingegen wollen ihre vortrefflichen Schriften eben so wenig verachten, als wir sie ausschreiben wollen. Ihre Gerechtsame müssen heilig, und ihr Ruhm unverletzt seyn. Laßt uns unsern Verstand durch den ihrigen nähren; sie geben ihm die edelste Nahrung; aber laßt sie den unsrigen nur nähren, nicht ersticken. Wenn wir lesen, so laßt unsere Einbildungskraft von ihren Reitzungen entzündet werden; wenn wir schreiben, so laßt unsern Verstand sie ganz aus unsern Gedanken verdrängen. Gehet mit Homern selbst so um, wie der Cynische Philosoph mit Homers königlichen Bewunderer umgieng; gebiethet ihm auf die Seite zu treten, um nicht die Stralen unsers eigenen Genies von unsern Schriften abzuhalten; denn unter einer andern Sonne kann kein Original entsprießen, und nichts unsterbliches zur Reife kommen.

Dürfen wir denn, werdet ihr sagen, die alten Schriftsteller gar nicht nachahmen? Ja ihr dürfet es; aber ahmet sie nur gehörig nach. Nicht der ahmet den Homer nach, der die göttliche Iliade nachahmet; nur der ahmet den Homer nach, der eben die Methode erwählt, die Homer erwählte, um die Fähigkeit zu erlangen, ein so vollkommenes Werk hervorzubringen. Folget seinen Fußstapfen bis zu der einzigen Quelle der Unsterblichkeit nach; trinket da, wo er trank, auf dem wahren Helicon, nämlich, an der Brust der Natur. Ahmet nach; aber nicht die Schriften, sondern den Geist. Denn könnte man nicht dieses Paradoxon als einen Grundsatz annehmen? „Daß wir, je weniger wir die berühmten Alten copiren, um so viel mehr, ihnen ähnlich seyn werden".

Doch vielleicht könntet ihr mir einwenden, daß ihr endweder den Homer nachahmen, oder euch von der Natur entfernen müßtet. Ihr irret. Denn gesetzt, ihr könntet eure Stelle mit dem Homer in Ansehung der Zeit verwechseln; so würdet ihr dann, wenn ihr natürlich schreibet, Homern eben so wohl Schuld geben, daß er euch nachgeahmet hätte. Kann man euch wohl vorwerfen, daß ihr den Homer nachahmet, wenn ihr so schreibet, wie ihr würdet geschrieben haben, wenn Homer nie gewesen wäre? Entfernet euch stolz von euern großen Vorgängern, so lange als die Rücksicht auf die Natur, oder auf den gesunden Verstand, euch diese Entfernung von ihnen erlaubet; ie weiter ihr von ihnen an Aehnlichkeit entfernet seyd, desto näher kommt ihr ihnen an Vortreflichkeit; dadurch erhebt ihr euch

---

21 dürft

zum Originale; dadurch werdet ihr ein edler Seiten-Verwandter, nicht ein niedriger Abkömmling von ihnen. Laßt uns unsere Werke mit dem Geiste und in dem Geschmack der Alten, aber nicht mit ihren Materialien aufführen. Auf diese Art werden sie denen Gebäuden des Pericles zu Athen ähnlich werden, von welchen Plutarch[1]) rühmet, daß sie die Mine des Alterthums gehabt hätten, sobald sie wären aufgerichtet gewesen. Alles Vortrefliche und Außerordentliche liegt außer dem betretenen Wege. Ausschweifung und Abweichung sind nothwendig, wenn man dasselbe erreichen will. Je weiter euer Pfad von der Heerstraße abgehet, desto rühmlicher ist es für euch; wofern ihr nicht gleich dem armen Gulliver (von dem ich bald reden will) auf euerm Wege zum Ruhme in eine Grube fallet.

Welche Ehre ist es, unsern Vorgängern nahe zu kommen, welche Ehre sie zu erreichen, welche Ehre (stolzer Gedanke!) ihnen zuvorzukommen! Und ist denn dieß in der Natur schlechterdings unmöglich? Oder ist es nicht vielmehr wider die Natur, darinnen zu fehlen? Die Natur selbst richtet die Leiter auf; alles, was unserer Ehrbegierde noch fehlt, ist, daß sie hinauf klimme. Denn durch die Gunst der Natur sind wir so stark, als unsere Vorfahren, und durch die Gunst der Zeit (welche nur eine andre Stufe in der Leiter der Natur ist) stehen wir auf einer höhern Stelle. Waren sie in Ansehung der Natur etwas mehr als Menschen? Oder sind wir weniger? Sind nicht unsere Seelen mit den Seelen vor der Sündfluth nach einerley Forme gebildet? Die Sündfluth ergriff nur die Materie; die Seele entgieng ihr. Und in Ansehung der Zeit ist die Welt älter, ob wir gleich Neuere sind; sie ist weit älter als damals, da die, welche wir am meisten bewundern, sie mit ihrem Ruhme erfüllten. Sehen wir nicht ihre Schönheiten vor uns, als Sterne, die uns leiten, ihre Fehler, als Klippen, die wir vermeiden, die Critik aller Zeitalter über beyde, als eine Karte, der wir folgen, und als ein sicheres Steuerruder, nach welchem wir unsern Lauf nach größern Vollkommenheiten, als die ihrigen sind, regieren sollen? Und soll man uns in unserm eifersüchtigen Verlangen nach Ruhm durch diesen gerechten Tadel aufhalten?

Dein eignes Blat zeugt wider dich und sagt:
Daß du ein Räuber bist[2]).

Nur eine Art von edler Contagion, die aus einer allgemeinen Vertraulichkeit mit ihren Schriften entstehet, und nicht ein einzelner unedler Raub kann uns vollkommener machen, als unsere Vorgänger waren. Hoffen

---

1) Im Leben des Pericles. Diese Mine des Alterthums hatten sie, wie derselbe sagt, noch fünfhundert Jahr hernach. Uebers.

2) Stat contra, dicitque tibi tua pagina,
Fur es. Mart.

---

4 Athen, ähnlich 5 rühmt 11 reden werde Ruhme, in 17 auf, alles 39 wie er fünfhunderte

wir etwan durch gelehrte Räubereyen einige Herrschaft in dem Reiche der Wissenschaften zu erhalten, wie Roms Herrschaft aus einer Rotte von Räubern sich erhob?

Rom war für viele Staaten ein mächtiger Bundesgenosse; die alten Schriftsteller sind unsere mächtige Bundesgenossen. Aber wir müssen uns in Acht nehmen, daß sie uns nicht nach Art der Römer so lange beystehen, bis sie uns selbst zu Sklaven machen. Eine allzufürchterliche Vorstellung von ihrer Größe würde uns wie ein Gespenst von der Anwendung unsers eigenen Witzes abschrecken, und unsern Verstand bis zum Zwerg erniedrigen, indem sie den ihrigen bis zum Riesen erhübe. Eine allzugroße Ehrfurcht für sie, fesselt das Genie, und versagt ihm diejenige Freyheit, den völligen Raum, den es haben muß, wenn es seine glücklichsten Meisterzüge wagen soll. Das Genie ist der Meister des Werks; die Gelehrsamkeit ist nur ein Werkzeug, und ein Werkzeug, das zwar höchstschätzbar, aber doch nicht allezeit unentbehrlich ist. Der Himmel will keinen Gehülfen annehmen, wenn er einen seiner Lieblinge zum vollkommenen Genie erhebt; er verwirft alle menschliche Mittel und behält den ganzen Ruhm allein für sich. Haben nicht einige, ob sie gleich wegen ihrer Gelehrsamkeit nicht berühmt waren, dennoch so geschrieben, daß sie uns fast überreden, sie hätten eben darum mehr geglänzet, und wären höher gestiegen, weil sie die gepriesene Hülfe jenes stolzen Alliirten vermieden hätten?

Und dieß darf uns nicht wundern. Denn was verstehen wir meistentheils unter dem Genie als das Vermögen, große Dinge ohne diejenigen Mittel auszurichten, die man insgemein für nothwendig zu diesem Endzwecke hält? Das Genie ist von einem guten Verstande, wie der Zauberer von einem guten Baumeister unterschieden; jenes erhebt sein Gebäude durch unsichtbare Mittel, dieser durch den kunstmäßigen Gebrauch der gewöhnlichen Werkzeuge. Deßwegen hat man stets das Genie für etwas göttliches gehalten. Niemals ist jemand ohne eine göttliche Begeisterung ein großer Mann geworden[1]).

Die Gelehrsamkeit, die dieser höhern Hülfe beraubt ist, ist für dasjenige eingenommen und darauf stolz, was ihr die meiste Mühe gekostet hat; sie liebt die Regeln außerordentlich und pralt gerne mit berühmten Beyspielen. Gleich den mittelmäßigen Schönen, welche die Hälfte ihrer Reitzungen der vorsichtigen Kunst zu danken haben, empört sich die Gelehrsamkeit wider die natürlichen unstudierten Schönheiten und kleinen unschuldigen Fehler, und setzet derjenigen Freyheit enge Gränzen, durch welche oft der, der Genie hat, seinen höchsten Ruhm, aber der, dem das Genie fehlet, nicht selten seinen Untergang findet. Denn Schönheiten, die man

1) Nemo unquam vir magnus fuit, sine aliquo afflatu diuino.

20 geglänzt 23 Genie, als 24 f Endzweck 27 A dieses Df.

noch nie in Regeln vorgeschrieben, und etwas Vortrefliches, von dem man noch kein Exempel hatte, (und dieß ist die Characteristik des Genies) diese liegen weit außer den Gränzzeichen der Herrschaft der Gelehrsamkeit und ihrer Gesetze. Diese Gränzzeichen muß das Genie überspringen, um zu jenen zu gelangen. Aber bey diesem Sprunge, wenn das Genie fehlt, brechen wir den Hals, und verlieren das kleine Ansehen, in dessen Besitz wir vielleicht vorher waren. Denn Regeln sind wie Krücken, eine nothwendige Hülfe für den Lahmen, aber ein Hinderniß für den Gesunden. Ein Homer wirft sie von sich, und gleich seinem Achill

Leugnet er, daß man für ihn Gesetze gegeben und maßet
Alles sich an [1])

durch die natürliche Stärke des Geistes. Es giebt etwas in der Poesie, das weit über den Verstand der Prosa hinaus reicht; es giebt Geheimnisse darinnen, die nicht erkläret und nur bewundert werden können; welche die Freunde der Prosa ihrer Gottheit ungetreu machen. Und hier werden sie mir ein zweytes Paradoxon vergeben, nämlich: „oft verdient das Genie dann am meisten bewundert zu werden, wenn es ganz gewiß ist, daß man es tadeln wird. Das heißt, wenn es durch seine Vortreflichkeit so hoch steiget, daß sie vor schwachen Augen gänzlich verschwindet." Wenn ich noch länger von der Gelehrsamkeit und dem Genie reden dürfte, so würde ich das Genie mit der Tugend, und die Gelehrsamkeit mit dem Reichthume vergleichen. Wie diejenigen den Reichthum am meisten wünschen, die die wenigste Tugend besitzen; so sucht derjenige die Gelehrsamkeit am meisten, der am wenigsten Genie hat. Wie die Tugend ohne Reichthum glücklich machen kann, so kann das Genie ohne viel Gelehrsamkeit berühmt machen. Wie die Verachtung des Geldes, nach dem Ausspruche des Terenz, oft der größte Gewinnst ist; [2]) so erhält auch oft das Genie seinen größten Ruhm durch die Verachtung der Gelehrsamkeit. Das Genie räumt also den Gelehrten nur die zwote Stelle, unter den Leuten von Wissenschaft, ein. Es ist ihr Verdienst und ihr Stolz, über die Werke des Genies ein Licht auszubreiten und seine Schönheiten anzuzeigen. Wir verehren ihren unterrichtenden Strahl für diesen Dienst mit Recht; aber die glänzenden Sterne, die sie anzeigen, müssen wir weit mehr bewundern.

Unter den Neuern war Schakespeare ein Stern von der ersten Größe; unter den Alten war es Pindar, der sich, wie uns Vossius erzählet, stolz auf seinen Mangel an Gelehrsamkeit, den Adler nennte, weil er sich darüber hinaus gesetzet hatte. Solche Geister können sich in der That auf ihre ange-

1) Iura negat sibi nata, nihil non arrogat.
2) Pecuniam negligere interdum maximum est lucrum.

34 Shakespeare (so immer in B) 35 der stolz auf seinen Mangel an Gelehrsamkeit, sich, wie uns Vossius erzählet, den 36 sich über sie hinweg gesetzet

bohrnen Kräfte sehr verlassen. Denn man kann das Genie mit der natürlichen Stärke des Körpers, und die Gelehrsamkeit mit den darneben eingeführten Rüstungen der Waffen vergleichen; wenn jene der vorgesetzten Absicht angemessen ist, so beschweren diese mehr, als sie helfen, und verzögern den Sieg mehr, als sie ihn befördern. Ein heiliger Gott ist in uns, sagt Seneca. In Absicht auf die Moralische Welt, ist das Gewissen, und in der Absicht auf die Welt des Verstandes, ist das Genie der Gott in uns. Das Genie kann uns in der Composition ohne die Regeln der Gelehrsamkeit in Ordnung bringen, so wie das Gewissen uns in dem Leben, ohne die Gesetze des Landes in Ordnung bringt. Dieses allein, kann uns schon zu guten Menschen, und jenes allein oft zu großen Scribenten machen.

Ich sage oft, weil es Genies giebt, welche die Hülfe der Gelehrsamkeit brauchen, um sich hervorzuthun. Es giebt zwo Arten des Genies; das frühere und das spätere Genie, die man auch das kindische und das männliche Genie nennen könnte. Ein männliches Genie kömmt aus der Hand der Natur, wie die Pallas aus dem Haupte des Zevs, in völliger Größe und Reife. Von dieser Art war das Genie des Schakespeare. Swift hingegen taumelte an der Schwelle und wagte sich auf schwachen Füßen heraus, um sich berühmt zu machen. Sein Genie war ein kindisches; ein Genie, das gleich andern Kindern genähret und aufgezogen werden mußte, wenn es nicht ganz eingehen sollte. Die Gelehrsamkeit ist seine Amme und seine Anführerinn. Aber diese Amme kann es mit unverdaulicher Nahrung beschweren, welche den gesunden Verstand erstickt; und diese Anführerinn kann es auf einen falschen Weg durch pedantische Vorurtheile führen, welche auch den besten Verstand verderben. So, wie die allzugroßen Bewunderer der Kirchenväter bisweilen das Ansehen derselben wider den wahren Verstand der Schrift erhoben haben, so erheben oft die allzugroßen Bewunderer der Väter unter den Classischen Schriftstellern, das Ansehen oder das Beyspiel derselben wider die Vernunft.

Ueber den fünften Act sey nie das Drama gedähnet:
Doch sey es auch nicht kleiner[1]).

So befiehlt Horaz, so befiehlt das Beyspiel der Alten; aber die Vernunft hat sich diesem Befehle nie unterworfen. Ich weis nur ein einziges Buch, welches unsere vermeynte Einwilligung darein rechtfertigen könnte; und (im Vorbeygehen gesagt) man hat neulich durch eine edle Verachtung der unzeitigen Ehrfurcht für die alte Meinung, einen neuen unschätzbaren Glanz über dieses Buch verbreitet, welcher stets dauern wird[2]).

1) Neue minor neu sit quinto productior actu,
Fabula.

2) Diese Stelle hat der Autor selbst dunkel gelassen. Uebers.

3 vergleichen. Wenn 15 Genie; die 18 Shakespeare 21 genährt 28 haben; so 35 vermeinte

Aber wenn man die abergläubische Achtung für unsere Vorgänger bey Seite setzt, so müssen die Classischen Schriftsteller beständig unsere rechtmäßigen und ehrwürdigen Lehrmeister in der Composition seyn, und unser Verstand muß sich vor ihnen beugen. Aber wenn? Wenn wir einen Lehrmeister brauchen; und dieser Fall ereignet sich nicht allezeit, wie ich gezeigt habe. Einige sind nur Schüler der Natur: sie besuchen weiter keine Schule. Von diesen erhalten wir oft einen doppelten Vortheil; sie kommen nicht nur den großen unter den Alten an Ruhme gleich, sondern sie verringern auch die Anzahl der kleinen Schriftsteller unter den Neuern. Denn wenn sie über Materien arbeiten, die schon in den Händen der Scribenten gewesen sind: so ist ihre Macht so groß, daß sie gleich einer zehnten Welle alle die vorher kamen, überschwemmen und in die Vergessenheit begraben. Und so bereichern und zieren sie nicht nur die gelehrte Welt, sondern befreyen sie auch von einer Bürde und verringern ihre Arbeit.

„Aber, werdet ihr sagen, weil die Originale nur allein aus dem Genie entstehen können, und dieses Genie doch so selten ist; so wird unsere Mühe kaum belohnet werden, die wir uns um die Bearbeitung einer Sache geben, von der wir in der That so wenig hoffen können.“ Um Euch zu zeigen, daß das Genie nicht so selten ist, als Ihr glaubet, werde ich Euch einige große Instanzen aus einer Gegend zeigen, die weit von der oben beschriebenen entfernet ist. Der Geist der Scholastiker war fast eben so sehr eingesperret, als ihr Körper; sie hatten nur etwas Gelehrsamkeit und wenige Bücher; und dennoch müssen die gelehrtesten Männer über ihren ganz eigenthümlichen Tiefsinn und über ihre ausnehmende Scharfsinnigkeit erstaunen. Wer sollte vermuthen, daß man einen Pindar und einen Scotus, Schakespearen und Aquinas in Einer Classe finden werde? Beyde zeigten in gleichem Grade ein Vermögen, das an ihnen zum Originale ward und das sie keinem schuldig waren. Das mächtige Feuer[1]) und die himmlische Abkunft schimmert in beyden, und wir sind noch zweifelhaft, ob das Genie sich in dem hohen Fluge und den schönen Blumen der Poesie, oder in der tiefen Einsicht, in den bewundernswürdigen, scharfsinnigen und feinen Distinctionen sichtbarer zeige, welche die Dornen der Schule genennet werden. Vielleicht hätten mehrere geschickte Consuls von dem Pfluge abgeruft werden können, als jemals zu dieser Ehre gelangt sind; und es hat vielleicht manches Genie gegeben, welches weder lesen noch schreiben konnte. So gewiß ist es, daß das Genie, dieser höchste Glanz der Litteratur, nicht so selten ist, als ihr glaubet.

---

1) Vigor igneus, caelestis origo.

---

18 belohnt 21 weit, von 22 beschriebenen, entfernet 23 eingesperrt 27 Shakespearen 29 ward, und 35 abgeruffen 39 coelestis

Durch das Lob des Genies wollen wir der Gelehrsamkeit nichts entziehen; wir entziehen dem Golde nichts von seinem Werthe, wenn wir sagen, daß der Diamant noch einen größern Werth hat. Wer die Gelehrsamkeit verachtet, der zeigt, daß er ihrer Hülfe bedürftig ist. Wer sie übermäßig hochschätzet, der zeigt, daß ihre Hülfe ihm schädlich gewesen ist. Man kann sie aber nicht übermäßig hochschätzen, wofern man nur das Genie in Absicht auf die Composition, noch höher schätzet. Der Gelehrsamkeit danken wir, das Genie verehren wir. Jene gewähret uns Vergnügen; dieses gewähret uns Entzückung. Jene unterrichtet; dieses begeistert und entsteht selbst aus der Begeistrung; denn das Genie stammt vom Himmel; die Gelehrsamkeit vom Menschen. Diese erhebt uns nur über den kleinen, ungelehrten Geist; jenes setzet uns auch über den feinen Geist, über den Gelehrten hinweg.

Die Gelehrsamkeit ist eine erborgte Wissenschaft. Das Genie ist eine angebohrne, uns ganz eigenthümliche Wissenschaft. Deßwegen könnte dasselbe, wie Baco sagt, einen erhabenern Namen führen, und die Weisheit genennet werden; und in diesem Verstande giebt es Menschen, die weise gebohren werden. Aber hier muß man eine Vorsicht brauchen, die wider einen der schädlichsten Irrthümer, jener durch sich selbst entstandenen, durch sich selbst gelehrten Philosophen unserer Zeit, nöthig ist, welche das Genie, und oft das bloß eingebildete Genie, nicht nur über die menschliche Gelehrsamkeit, sondern auch über die göttliche Wahrheit erheben. Ich habe das Genie Weisheit genennet; aber man erinnere sich, daß in dem berühmtesten Zeitalter der erhabensten Heydnischen Weisheit (und dieß ist nicht die Weisheit des Christen) „die Welt durch die Weisheit Gott nicht erkannte, und es Gott gefiel, durch thörichte Predigt diejenigen selig zu machen, welche gläubten.“ In dem bezauberten Lande der Einbildungskraft kann das Genie wild herum schweifen; da hat es eine schöpferische Gewalt, und kann willkührlich über sein Reich von Chimären herrschen. Auch liegt das weite Feld der Natur ihm offen; hier kann es unbegränzt umher irren, soviel Entdeckungen machen, als es nur kann, über ihre unendlichen, nie ganz durchforschten Gegenstände sich erfreuen, so weit als die sichtbare Natur sich erstrecket, und diese Gegenstände so reizend malen, als es nur will. Aber welcher Maler, wenn er auch das erhabenste, das uneingeschränckteste Genie hätte, kann uns das wahre Bild eines Seraphs zeichnen? Er kann uns nur so viel zeichnen, als seine oder andere Augen gesehen haben, ob es gleich in der That unendlich mannichfaltig zusammengesetzt, vergrößert, lächerlich gemacht, erniedriget oder ausgeschmückt ist. Und eben so verhält es sich mit den göttlichen Wahrheiten. Wer kann sie uns ohne Offenbarung entdecken? Um desto-

5 höchschätzet Df. 15 Deswegen 23 f A in den Df. 31 soviel Endeckungen Df. 35 uneingeschränkteste 38 mannigfaltig 40 f desto weniger

weniger sollte sich jemand erkühnen, diese göttlichen Wahrheiten, wenn sie geoffenbaret sind, bey Seite zu setzen, als wenn sie unserer Scharfsinnigkeit nicht angemessen genung wären. — Ist dieß zu ernsthaft für meine Materie? Ich werde noch mehrmal so reden, ehe ich schließe.

Ich komme nun nach dieser Warnung vor einem der gefährlichsten Irrthümer, von der allzugroßen Liebe für das Genie, zurück zu der allzugroßen Unterdrückung desselben, die der Composition so schädlich ist; und ich will mich bemühen, den Scribenten sowohl, als den Menschen, davon zu befreyen. Ich habe gesagt, daß einige Menschen weise gebohren würden; aber sie können, gleich denen, welche reich gebohren werden, wenn sie den Anbau und die Einkünfte ihrer Güter vernachläßigen, und in Schulden gerathen, zuletzt Bettler werden; und sie können ihren Ruhm verlieren, wie die Jüngsten in einer Familie die Güter verlieren, nicht weil sie mit weniger Fähigkeit gebohren worden, als der reichere Erbe, sondern weil sie zu spät gebohren worden.

Mancher große Mann ist für sich und für das Publicum verloren, bloß weil die Welt schon vor ihm größere Männer gesehen hatte. Hermias in seiner Sammlung über Homers Blindheit, sagt: Homer hätte die Götter gebeten, ihm den Achilles sehen zu lassen. Darauf wäre der Held vor ihm gestanden, aber in einer so glänzenden Rüstung, daß Homer von dem Glanze blind geworden wäre. Lasset uns nicht selbst durch den Glanz der Homerischen Muse so geblendet werden, daß wir unsere eigenen Fähigkeiten nicht mehr erkennen können; dadurch werden wir gewiß über die Sphäre der Nachahmer erhoben werden, die, wenn sie auch noch so vortreflich, wenn sie unsterblich wären, (und einige sind es wirklich) dennoch nur Dii minorum gentium sind, und nicht den meisten Weyrauch, nicht das größte Opfer des Lobes auf ihren niedrigern Altären[1]) fordern können.

Noch mehr; der Geist der Nachahmung hat viele üble Folgen. Ich will nur drey davon anführen. Er beraubt erstlich die freyen und schönen Künste eines Vortheils, den die mechanischen Künste genießen. In diesen sind die Menschen stets bemüht, noch weiter zu gehen, als ihre Vorgänger. In jenen bemühen sie sich nur, ihnen zu folgen. Und weil Copien ihre Originale nie übertreffen, so wie Ströme nie höher, und selten so hoch steigen, als ihre Quelle: so sind die freyen Künste stets in einer Abnahme und im Verfall, da indessen die mechanischen im beständigen Fortgange und Wachsthume sind. Jene gleichen den Pyramiden, die breit im Grunde sind, und unvermerkt abnehmen, indem sie in die Höhe steigen; diese gleichen den Strömen, die aus einer kleinen Quelle entsprungen, sich, so

1) Young drückt dieß durch Secondary altars aus. Servius sagt, daß diese Altäre niedriger gewesen, als diejenigen, welche man den obern Göttern gewidmet. Uebers.

2 offenbaret 21 nicht durch

wie sie fließen, immer weiter umher ausbreiten. Daher ist es klar, daß das verschiedene Maaß des Verstandes nicht, wie sich einige einbilden, an verschiedene Zeitpunkte vertheilt ist; denn wir sehen, daß zu Einer Zeit der Verstand in der einen Gattung der Künste sich erhebt, und in der andern herabsinket. Also ist die Natur von allen Vorwürfen befreyet, und wenn wir in der Composition von den vorigen Zeiten übertroffen werden, so müssen wir uns nur selbst die Schuld geben.

Ja, wir unterwerfen uns durch den Geist der Nachahmung so wenig einer Nothwendigkeit, die uns die Natur auflegen sollte, daß wir zweytens, durch denselben der Natur vielmehr zuwider handeln, und ihrer Absicht widerstreben. Sie bringt uns alle als Originale auf die Welt. Nicht zwey Gesichter, nicht zwo Seelen sind einander vollkommen ähnlich; alle tragen vielmehr das sichtbare Unterscheidungs-Zeichen der Natur an sich. Da wir nun als Originale gebohren worden, wie kömmt es doch, daß wir als Copien sterben? Die Nachahmung, der Affe, der sich immer darein mischet, sobald wir zu den Jahren der Indiscretion (erlauben Sie mir dieses Wort) gelangen, ergreifet die Feder und streichet das Unterscheidungs-Zeichen der Natur aus, zerstört ihr schönes Vorhaben, und vernichtet die ganze Individualität der Seele. Die gelehrte Welt bestehet nicht mehr aus schönen Theilen, sie ist ein Gemische, eine Masse; und hundert Bücher sind im Grunde nur Eins. Warum sind die großen Affen solche Meister in der Pantomime? Weswegen empfiengen sie so eine Gabe zur Nachahmung? Aus eben der Ursache, aus welcher die Sclaven in Sparta einmal die Erlaubniß erhielten, sich zu betrinken; damit ihre Herren sich dessen schämen möchten.

Der dritte Fehler, den man an dem Geiste der Nachahmung wahrnimmt, ist dieser, daß er uns auf eine sehr widersinnige Art zugleich arm und stolz macht; daß er uns wenig denken und viel schreiben läßt; daß er uns ungeheure Folianten verschaffet, die nicht viel besser sind, als noch ansehnlichere Küssen, um darauf leichter einzuschlafen. Haben wir uns nicht oft bey manchen siebenfachen Bänden, an die siebenfachen Canäle des Nils in dem großen Brande beym Ovid, erinnert:

Staub nur decket die sieben Mündungen, und sieben Thäler
Sind es, die kein Wasser benetzt[1]).

Solche mühselige Arbeiten sind der eisernen Münze des Lycurgus gleich, welche in der Schweere so sehr von ihrem Werthe unterschieden war, daß

1) .... Ostia septem
Pulverulenta vacant, septem sine flumine valles
Met. II 255.
Die Verwegenheit des Phaetons verursachte diesen Brand.

4 befreyt 17 streicht 20 Gemisch 22 weswegen 29 A besser, sind als Df. 31 A siebensachen Df. 36 Schwere

man zu großen Geld-Kisten ganze Vorraths-Kammern brauchte, und ein Joch Ochsen, um fünfhundert Pfund fortzuziehen.

Aber ungeachtet dieser Unbequemlichkeiten der Nachahmung, muß dieselbe dennoch das Loos vieler Scribenten seyn, und oft ist sie ein sehr schätzbares Loos. Wenn eine Theurung an Erfindung im Lande ist, so müssen wir gleich Josephs Brüdern weit umher reisen nach Nahrung; wir müssen die entfernten und reichen Alten besuchen. Aber ein erfinderisches Genie kann ohne Gefahr daheim bleiben, weil es gleich dem Oelkruge der Wittwe von innen göttlich angefüllt ist, und uns ein wunderbares Vergnügen verschaffet. Wir sollten fleißig untersuchen, ob unser Genie so beschaffen sey oder nicht, damit wir nicht das Gold bey uns tragen, und betteln gehen. Denn es giebt eine Miene in dem Menschen, in welche tief nachgegraben werden muß, ehe wir muthmaßen können, wie reich sie sey. Oft sieht der andere in uns, was wir selbst nicht sehen; und kann nicht vielleicht etwas in uns seyn, was beyde nicht gesehen haben? Daß so etwas da seyn kann, dieß entdecket oft der Zufall; entweder durch die glückliche Wahl einer Materie, oder durch einen großen Preiß, durch die unumgängliche Nothwendigkeit sich hervorzuthun, oder durch ein edles Gefühl, der Nacheiferung bey dem Ruhme des andern; so erwachte dieß Gefühl im Thucydides, als er den Herodotus einen Theil seiner Geschichte in den Olympischen Spielen wieder vorlesen hörte. Wäre kein Herodotus gewesen, so wäre auch vielleicht kein Thucydides; und die Welt würde das Vortrefliche in dieser Gattung der Schreibart, an dem Livius zuerst bewundert haben. Eben so ward Demosthenes zur Nacheiferung gereizet, als er den Callistratus hörte; sonst hätte Tullius zuerst den höchsten Ruhm in der gerichtlichen Beredsamkeit erhalten.

Wir reden hier, um uns nicht in die Streitigkeit über die alte und neuere Gelehrsamkeit zu verwickeln, nicht von den Werken selbst, sondern nur von den Talenten. Die Talente der Neuern sind eben so groß, als die, welche die Alten besaßen. Die Werke der Neuern sind leider meistens weit geringer. Wie groß sind nicht die Namen, die ich gleich itzt genennt habe? Aber wer darf wohl behaupten, daß nicht eben so große Männer in einem künftigen Zeitalter vielleicht, oder schon in dem gegenwärtigen sich hervorthun können? Es kann wohl Ursachen geben, warum die Talente nicht zu einer Zeit so wohl als zu der andern bekannt werden; nicht aber, warum sie nicht wirklich da seyn sollten. Es erfordert Regen, Luft und Sonne, wenn die Früchte der Pflanzen hervorkommen sollen; und eben so hänget es von den äußern Umständen ab, wenn die Früchte des Genies sollen hervorgebracht werden. Welche erstaunliche Erndte brachte dieß Genie nicht in Griechenland und Rom? Aber welchen außerordentlichen

---

9 A ist; und Df. 17 Preiß; durch 19 andern. So 24 gereizt 38 hängt

Sonnenschein genoß es auch da? Wie sehr diente die Natur ihrer Regierungsform und der Geist ihres Volks dazu, dasselbe zu erwecken? Virgil und Horaz verdankten ihre göttlichen Talente dem Himmel, und ihre unsterblichen Werke den Menschen; Dank sey es dem Mäcen und dem August. Wären diese nicht gewesen, so wäre das Genie dieser Poeten mit ihrer Asche vergraben worden. Athen verwandte auf sein Theater, auf seine Malerey, Bildhauerkunst und Baukunst eine Geldsumme, die zur Führung eines Kriegs eingefordert war. Cäsar ließ seine Rolle fallen, als Tullius redete, und Philippus zitterte vor der Stimme des Demosthenes. Ist denn in einer so langen Reihe von Jahren, nur Ein Tullius, nur Ein Demosthenes aufgestanden? Auch die mächtige Beredsamkeit dieser Beyden, in einem Strome vereiniget, könnte mich nicht zu den traurigen Gedanken hinreissen, daß nicht einige gebohren worden, ob sie gleich nicht hervorgedrungen sind. Die Sonne ist an einem trüben Tage sowohl da, als an einem hellen; nur ein äußerlicher zufälliger Umstand ist es, der in Ansehung des Genies in einer Nation oder in einem Zeitalter

Die versammelten Wolken zerstreut, und die Sonne hervorführt[1]).

Es können, so stolz dieß auch klingen mag, eben so große, vielleicht noch größre Genies aufstehen; denn wer hat die Seele des Menschen ergründet? Ihre Schranken sind so unbekannt, wie die Schranken der Natur; und seit dem Ursprunge derselben hat vielleicht nicht Einer sich so weit erhoben, daß nicht dasjenige, was er erreichte, weit geringer sey, als was er hätte erreichen können; und daß nicht seine Thaten weit unter seinem Vermögen seyn sollten. Da wir überhaupt unser Urtheil nur nach demjenigen einrichten, was geschehen ist, ohne zu wissen, oder nur zu untersuchen, was hätte geschehen können: so gerathen wir sehr natürlich auf eine allzu niedrige Meinung von der menschlichen Seele. Wenn ein Plan von der vortreflichen Iliade, ehe noch Homer schrieb, von einem höhern Wesen, oder auf eine andere Art dem Menschen wäre vorgeleget worden: so würde seine Ausführung ohnfehlbar das Vermögen der Menschen zu übersteigen geschienen haben. Und itzt halten wir es für unmöglich, sie zu übertreffen. Könnte nicht also diese letztere Meinung auch ein Irrthum seyn, da die erstere offenbar einer ist? Beyde haben einerley Grund, nämlich unsere Unwissenheit in den noch unbekannten Gränzen der Seele.

Ja wir kennen nicht nur die Gränzen der menschlichen Seele überhaupt nicht, sondern sie sind uns auch an der unsrigen unbekannt. Daß ein Mensch seine eigenen Fähigkeiten eben so wenig kennen kann, als die Muschel ihre Perle, oder der Fels seinen Diamant; daß er schlummernde,

1) Collectas fugat nubes, solemque reducit. Virg.

12 vereinigt 21f einer sie so weit ausgedähnet, daß 29 vorgelegt 36 unsrigen, unbekannt 39 Cellectas Df.

unbemerkte Fähigkeiten besitzen kann, bis sie durch einen lauten Ruf erweckt, oder durch rührende Gelegenheiten erregt werden; dieß ergiebt sich aus der Geschwindigkeit, mit der gewisse Menschen aus einer tiefen Dunkelheit zu einer allgemeinen Bewunderung hervorbrechen, wenn sie sowohl zu dem großen Erstaunen der Welt, als zu ihrem eigenen, von einer aufmunternden Gelegenheit angetrieben werden. Nur wenige Schriftsteller vom ersten Range haben so etwas erfahren, als ihr noch unbemerktes Genie die ersten Stralen auf ihre bisher dunkeln Schriften, fallen ließ. Der Scribent erstaunt darüber, wie über eine glänzende Lufterscheinung in der Nacht; er verwundert sich; er kann kaum glauben, daß es gewiß ist. In dieser glücklichen Verwirrung kann man zu ihm, wie zu der Eva, am Wasser, sagen:

Was du hier siehest, schönes Geschöpf, bist du selbst.

Milton.

Das Genie ist in dieser Aussicht, gleich einem geliebten Freunde, der verkleidet in unserer Gesellschaft ist; der, indem wir seine Abwesenheit beklagen, die Maske fallen läßt, und uns auf einmal erstaunet und froh macht. Diese Empfindung des Scribenten, von dem ich rede, könnte die Fabel von der poetischen Begeistrung vertheidigen und auch befördern helfen. Ein Poet, der eine starke Einbildungskraft und noch mehr Eitelkeit besitzet, kann sehr leicht, indem er sie fühlt, das, was bey der Welt ein bloßes Compliment ist, für etwas Wahres und sich selbst in der That für begeistert halten. Und dieß ist nicht unwahrscheinlich, denn alle Enthusiasten thun eben dieß.

Weil es also gewiß ist, daß Menschen in ihren eigenen Fähigkeiten oft Fremdlinge sind, und eben, weil sie ohne rechtmäßige Ursache zu klein von sich denken, bald einen Namen, vielleicht einen unsterblichen Namen, verlieren können; so wünschte ich einige Mittel zu finden, um diesem Uebel zuvorzukommen. Alles, was die Tugend befördert, befördert noch etwas mehr, und erstreckt seinen glücklichen Einfluß noch weiter als auf den moralischen Menschen. Um diesen Uebeln zuvorzukommen, entlehne ich zwo güldene Regeln aus der Moral, die in der Composition nicht weniger als im Leben güldene Regeln sind. Die erste ist: Erkenne dich selbst. Die zweyte: Habe für dich selbst Ehrfurcht. Ich behalte mir vor, in einem künftigen Briefe die Moral mit zwo nützlichen Regeln aus der Rhetorik dafür zu belohnen.

Fürs Erste: Erkenne dich selbst. Man kann von uns sagen, was Martial von einem schlimmen Nachbar sagt:

Es ist uns nichts so nah, und nichts so fern von uns[1]).

Forsche also tief in deiner Brust, lerne die Tiefe, den Umfang, den Hang

1) Nil tam prope, proculque nobis.

37 erste

und die ganze Stärke deiner Seele kennen; stifte eine Vertraulichkeit mit dem Fremdlinge, der in dir ist; errege und unterhalte ieden Funken des Lichts und der Wärme deines Verstandes, wenn auch dieser Funken unter der vorigen Nachlässigkeit fast ersticket oder unter die plumpe, dunkle Masse gemeiner Gedanken zerstreut wäre; sammle dieses Licht in ein Ganzes, und laß dein Genie sich erheben, (wenn du Genie hast) wie die Sonne aus dem Chaos; und wenn ich denn zu dir, gleich einem Indianer, sagte, bete es an, (ob dieß gleich zu verwegen wäre) so würde ich doch nicht viel mehr sagen, als was meine zweyte Regel befiehlt, nehmlich: Habe für dich selbst Ehrfurcht.

Dieß heißt: laß nicht die großen Beyspiele, oder Autoritäten, deine Vernunft in ein allzugroßes Mißtrauen gegen dich selbst niederschlagen. Habe für dich selbst so viel Achtung, daß du die natürliche Frucht deines eigenen Verstandes, dem reichsten Einkommen eines fremdes Landes vorziehest; solche erborgte Reichthümer machen uns arm. Der welcher auf diese Art für sich Achtung hat, wird bald gewahr werden, daß die Welt in ihrer Achtung, der seinigen folget. Seine Werke werden stets ein unterscheidendes Merkmal an sich tragen! Ihm allein wird das Eigenthum darüber zugehören; und nur dieses Eigenthum kann allein den edeln Titul des Autors uns geben; das heißt, um genau zu reden, den Titul desjenigen, welcher denket und schreibt, indessen daß die andern Räuber der Presse, wenn sie auch noch so reich an vielen Bänden und Gelehrsamkeit wären, (ich sage dieß, ohne sie beleidigen zu wollen) nur lesen und schreiben.

Dieß ist der Unterschied zwischen den beyden Lichtern in der gelehrten Welt, zwischen dem höchstvollkommenen Gelehrten und dem göttlichbegeisterten Enthusiasten; jener ist gleich dem glänzenden Morgenstern, dieser gleich der aufsteigenden Sonne. Der Schriftsteller, der die beyden oben gegebenen Regeln vergißt, wird nie alleine stehen; er wird mit zu einer ganzen Grouppe gehören, und in einer unglückseligen Einförmigkeit mit dem gemeinen Haufen denken. Von den Einsichten der andern belastet und aufgehalten, und arm gemacht durch ihren Ueberfluß, zeuget er nie in sich den kleinsten Embryo eines neuen Gedankens, öfnet nie die kleinste Aussicht durch die Dunkelheit der gewöhnlichen Scribenten, in die glänzenden Pfade einer ungemeinen Einbildungskraft, und eines sonderbaren Plans. Indem das große Genie über alle Heerstraßen hinweg, in frische unbetretene Felder gehet, wadet jener tief im Alterthume, und betritt die heiligen Fußstapfen der großen Vorgänger mit der blinden Ehrerbiethung eines Abergläubischen, der die Päbstliche Zehe küsset, und zu seinem Troste, völlige Vergebung der Sünden seines Verstandes, durch die mächtige

7 dann 9 nämlich 15 Der, welcher 21 denkt 26 ganzvollkommenen A B und den Df. 33 öffnet 35 einer seltenen Einbildungskraft

Zauberkraft, zu erhalten hoffet, wenn er die Unfehlbarkeit seines Abgottes berühret.

Diese Erniedrigung der Seele, diese Unterdrückung aller unserer Fähigkeiten hat die allzugroße Bewunderung der andern zum Grunde. Ueberhaupt finden sich in der Bewunderung zwo schlimme Ingredienzien in gewissem Maaße; die Unwissenheit und die Furcht, und diese stiften in der Composition, wie im gemeinen Leben, Schaden. Nach dem Stolz, den die Welt hat, theilt sie doch die Hoheit oft mehr freywillig aus, als daß sie sich dieselbe abzwingen ließe; und alle ihre mannigfaltigen Helden haben ihre Erhebung mehr der Niedrigkeit des Geistes der andern, als der Hoheit ihres eigenen, zu verdanken. Erböthen sich nicht die kleinen Geister freywillig zu ihren Fußgestellen, so würde die Figur, die sie unter den Menschen machen, nicht so hoch stehen. Die Nachahmer und die Uebersetzer gehören unter die Gattung der Piedestals, und erheben oft den Ruhm ihres Originals mehr, als ihren eigenen, indem sie zeigen, wie sie dasselbe nicht nachahmen können. Man hat den Homer in die meisten Sprachen übersetzet; Aelian erzählt uns, daß die Indianer (diese hofnungsvollen Anführer!) ihn gelehrt haben, sich in ihrer Sprache auszudrücken. Aber was erwarten wir von ihnen? Nicht den Achilles des Homers, sondern etwas, das gleich dem Patroclus seinen Namen annimmt, und mit eigener Gefahr an seiner Statt erscheinet; auch nicht den Ulysses des Homers, wie er glorreich aus seiner Wolke in königlicher Größe hervortritt; sondern einen Ulysses, verkleidet, und bis zuletzt als Bettler. So groß ist der unnachahmliche Vater der Dichtkunst und das Orakel aller Weisen, von dem Lycurg seine Gesetze entlehnte, und dessen Werke Solon in einem Gesetze öffentlich abzulesen befahl; Ja man muß mit Recht befürchten, daß die vielen Uebersetzungen seiner Gedichte nur eben so viel öffentliche Zeugnisse, von so viel Nationen und Zeitaltern sind, daß dieser so göttliche Autor noch immer unübersetzt sey.

Aber hier

rührt Phöbus mir das Ohr[1]),

und verlangt, daß ich seinem und unserm Lieblinge Gerechtigkeit wiederfahren lasse. Er hat etwas großes gethan, aber, er hätte noch etwas größers thun können. Welch ein Fall ist es, von Homers Versen, die frey wie die Luft, erhaben, und harmonisch wie die Sphären sind, in kindische Fesseln und klappernde Töne! Aber auch in seinem Fall ist er noch immer groß.

. . . . . Und scheint nichts geringers,
Als ein Erz-Engel, verunglückt, und der höchste
Schimmer der Hoheit, verdunkelt. . . .
Milton.

1) . . . . Cynthius aurem,
Vellit Virg.

4 Fähigkeiten, hat 6 A gewissen Df. 36 Doch auch 38 A Erzt

Hätte Milton nie geschrieben, so wäre Pope weniger zu tadeln. Aber wenn in Miltons Genie, Homer so zu sagen, persönlich aufgestanden ist, den Britten zu verbiethen, daß sie ihn diese ungerechte Beleidigung nicht anthun sollten; so kann man es kaum vergeben, daß man durch diesen weibischen Aufputz den Achill zum zweytenmal in Frauenzimmer-Kleidern auftreten läßt. Wie viel anständiger wäre es nicht gewesen, wenn seine Verse in vollem Strome durch die mannigfaltigen Abänderungen einer männlichen Melodie fortgeflossen wären, bis zu jenen starken feyerlichen Ton, den die natürliche Würde des heroischen Gesangs nothwendig fordert. Wie viel anständiger wäre es ihm nicht gewesen, der Versuchung jenes gothischen Dämons zu widerstehen, durch den die neuere Poesie, da sie ihm folgte, sterblich ward. O wie sehr ist davon die unsterbliche göttliche Harmonie jener drey großen Namen, (und wie billig werden dieselben vereiniget!) Miltons, Griechenlands und Roms Harmonie davon unterschieden? Hätte sein Gedicht nicht diesen kleinen Flecken der Sterblichkeit in seinen äußersten Theilen, so wie sein Held an seiner Fersen gehabt; so würde es, wie er, unverletzlich und unsterblich gewesen seyn. Aber zum Unglück war jenes nicht im Helicon und diese nicht im Styx getaucht. Die Harmonie ist so wohl als die Beredsamkeit der Poesie wesentlich; und wer das Musikalische im Homer vernichtet, der hat den halben Homer vertilgt. Der Ausdruck, Reimfrey, ist ein verkleinernder Ausdruck. Unter einem reimfreyen Verse verstehen wir einen Vers, der nicht verunglückt, nicht verworfen ist; einen Vers, der wieder darzu eingesetzet, wieder bestimmt ist, die Sprache der Götter zu reden, welche nie in gereimten Versen gedonnert, noch ihren Homer donnern ließen. Darum bitte ich Sie, mein Freund, die reimfreyen Verse mit einem edlern Namen zu beehren, und nicht die Würde der Sache unter einem so schimpflichen Namen leiden zu lassen.

Doch gesetzt, Popens Iliade wäre in ihrer Art vollkommen, so ist sie doch immer nur eine Uebersetzung; und eine Uebersetzung ist von einem Originale so sehr unterschieden, als der Mond von der Sonne.

Den Mond ließ er mit fremden Feuer erfüllen,
Und mit ihrem eignen die Sonne[1]).

Aber wie nichts leichter ist, als ein Original zu seyn, und doch schlecht zu schreiben, so empfehlen wir hier die Originale nicht anders, als unter der genauen Beobachtung meiner ersten Regel—Erkenne dich selbst. Lucian, der ein Original war, vergaß diese Regel nicht, so viel wir aus der Antwort schließen können, die er einem seiner Vertrauten gab. Er war an-

1) . . . . Phoeben alieno jusserat igne
Impleri, solemque suo. Claud.

21f A B Unter einen Df. 25 bitt ich

fangs ein Lehrling bey einem Bildhauer gewesen, und wenn man ihn daran auf diese Weise erinnerte, daß man ihn einen Prometheus nennte, so antwortete er: „Es ist wahr, ich bin der Erfinder eines neuen Werks; ich bin keinem das Muster davon schuldig; wenn ich es aber nicht vollkommen zu Stande bringe, so verdiene ich von zwölf Geyern, statt des einen, gemartert zu werden."

Wenn dieß gewiß ist, o Gulliver! erzitterst du nicht über deines Bruders Lucians Geyer, die über dich schweben? Ja zittere! sie können dich nicht stärker verletzen, als du den Wohlstand verletzet hast. Wie haben deine Houyhnhunms deinen Verstand aus seinem Sitz herabgeworfen, und deine Einbildungskraft in den Morast gestürzt. In welchem Pfuhl hast du deinen Pinsel getaucht? Welch Unthier hast du aus der

— Göttlichen Bildung des Menschen

Milton.

gemacht? Dieser Schriftsteller hat über die menschliche Natur so gespottet, daß er durch sich selbst bewieß, wie sehr sie verdient, verspottet zu werden. Aber, sagen seine gewonnenen Bewunderer, nur wenige hätten so schreiben können. Es ist wahr; und noch wenigere hätten so schreiben wollen. Wenn es große Geschicklichkeit erforderte, den Fehler zu begehen, so würde es noch größere erfordert haben, sich dafür zu hüten. Aber woher kommen diese eifrigen Vertheidiger bey einer solchen Schrift? Daher. Ehe der Charakter des Scribenten völlig bestimmt ist, bringt das Verdienst den Ruhm; nachher bringt der Ruhm das Verdienst. Swift ist nicht deßwegen berühmt, weil er dieß Buch geschrieben; sondern dieß Buch ist berühmt, weil es Swift geschrieben hat. Er hat uns einige schöne Stücken gegeben, die unser ganzes Lob verdienen; und dieß beruhiget uns noch, daß seine Fehler nicht allgemein werden können; denn niemand kann dergleichen Fehler begehen, der nicht sowohl Witz als Ruhm genung übrig hat. Sein Witz wäre weniger ausschweifend gewesen, wenn sein Temperament nicht seine Beurtheilungskraft verdrungen hätte. Hätten seine geliebten Houyhnhunms schreiben können, und wäre Swift selbst ein Houyhnhunm gewesen, so würde jegliches Pferd bey ihm ein Esel geworden seyn, und er würde eine Lobrede auf das menschliche Geschlecht geschrieben, und dem gegenwärtigen Helden seiner Feder, mit vielen Vorwürfen den Sattel aufgeleget haben.

Da er aber unter den Menschen geboren war, und was das meiste ist, von vielen unter ihnen angefeindet wurde, und über noch mehrere unwillig war; so hat er eine Natur gelästert, die nicht viel geringer ist, als die Natur der Engel, und die von einer weit höhern, als sie sind, angenommen worden. Aber gewiß, so eine große Tugend die Verachtung der

1 f daran dadurch erinnerte 28 genung zu verlieren 36 gebohren (wie A sonst auch immer)

Welt ist, so ein großes Laster ist die Verachtung der Menschen. Ich wundere mich deßwegen, daß Swift, dieser so große Freund des Lachens, wenn ihm auch die andern verschonten, dennoch nicht von dem ehrwürdigen Dechant getadelt wurde, der oft sehr ernsthaft seyn konnte.

Ich erinnere mich hier, daß ich einst nebst einigen andern an einem Abend mit ihm, ohngefehr eine Meile vor Dublin, spatzieren gieng. Auf einmal blieb er zurück; wir giengen weiter. Aber da ich merkte, daß er uns nicht nachfolgte, gieng ich zu ihm zurück, und fand ihn starr wie ein Bild stehend, und ernsthaft an einen schönen Ulmbaum hinaufsehend, der in seinen obersten Zweigen sehr verwelkt und eingegangen war. „Ich werde, sprach er, und wieß auf den Baum, ich werde diesem Baume ähnlich werden, und von oben herab sterben." Hierinnen schien er gleich einer Sybille zu prophezeyen;[1]) wenn er doch auch gleich einer von ihnen, einen Theil seiner Werke, besonders diesen verdorrten Zweig eines edlen Genies verbrannt hätte; so würde er auch gleich ihr, für das übrige noch mehr haben fordern können.

Würde nicht sein Freund Pope, wenn er ein Original gewagt hätte, weit glücklicher gewesen seyn? Man kennt die Talente nicht, die man nicht versucht hat. Aber er war, so viel ich weiß, hierüber von ganz anderer Meinung, und erklärte sich nicht nur selbst öffentlich für einen Freund der Nachahmung, sondern er empfahl sie auch sehr eifrig. Und er konnte auch denen, welche schreiben, nichts bessers empfehlen, wenn wir die Nacheiferung ausnehmen. Eine von diesen beyden, müssen alle Scribenten zu Hülfe rufen; aber diese beyden Gehülfen stehen nicht in gleichen Ansehen. Bey der Nachahmung gestehet man seine geringern Kräfte; bey der Nacheiferung streitet man um den Vorzug, oder versagt ihn völlig. Die Nachahmung ist knechtisch, die Nacheiferung ist edel; jene fesselt, diese begeistert; jene kann einigermaßen berühmt, diese kann unsterblich machen. Sie machte Athen zu der Regel des Geschmacks für die folgenden Zeitalter, und zum Maaßstabe der Vollkommenheit. Jene großen Geister faßten einer von dem andern Feuer, und wurden in der Hitze des Streits zu so einem Ruhm entflammt, daß ihn keine Zeit auslöschen wird. Wir müssen einen Sophokles dem Eschylus, einen Zeuxis dem Parrhasius, und beyde der Nacheiferung verdanken. Diese gebiethet uns, den gemeinen Fehler der Nachahmer zu vermeiden; gebiethet uns, daß wir uns nicht

1) Die Anekdote aus den Briefen des Orrery, wodurch diese Stelle erklärt wird, steht auf der 169. S. Im Jahre 1742 heisst es von Swiften, verwirrten sich die schwachen Ueberbleibsel seines Verstandes endlich ganz, und die Heftigkeit seiner Raserey, stieg bis zu einer Art von Wahnwitz. Uebers.

---

8 A B gieng zu ihm (wohl Df.) 10 f werde sprach 24 gleichem 25 Kräfte. Bey 33 Aeschylus 34 beyde, der 35 vermeiden; sie gebiethet

von dem lauten Nachruf des vorigen Ruhms, wie von einer Sterbeglocke sollen rühren lassen, welche den Muth niederschlägt; sondern wie von der Posaune, die uns den Muth einflößt, dem berühmten Manne ähnlich zu werden. Die Nacheiferung ermuntert uns, daß wir anstatt ewig, wie der unverständige Hauffe unter alten Anführern in der Schreibart, unsere Lection zu lernen, selbst diese alten, mit Lorbern beehrten Streiter in Gefahr bringen sollen, ihren erhabenen Posten der Ehre zu verlieren.

Dieß ist der erhabene Unterricht der Nacheiferung; dieß ist ihr Ruf, der unsterblich macht. Pope wollte sie nicht hören, schon eingenommen für die Nachahmung, die ihn mit allen ihren Reitzungen beseeligte. Er wollte lieber mit seinen griechischen Namensvetter in der alten Welt triumphiren, als nach einer neuen umher schauen. Sein Geschmack nahm an den Irrthümern seiner Religion Antheil; er versagte den Heiligen und Engeln, das heißt, denjenigen Scribenten die Anbetung nicht, die seit langer Zeit canonisiret, ihre Vergötterung durch einen wohlgegründeten und allgemeinen Ruhm erhalten haben. Die wahre Poesie verabscheuet gleich der wahren Religion, die Abgötterey; und ob sie gleich das Andenken der großen Beyspiele hochschätzet, und sie willig, aber doch behutsam, zu Anführern auf dem Wege zur Ehre, erwählet; so ist doch das wahre Erhabene, das noch durch kein Beyspiel bekannt ist, ihr einziges Ziel, und sie verlangt nach keiner andern Eingebung, als nach einer göttlichen. Wenn auch Popens edle Muse, sich ihrer glorreichen Abkunft von Homer, Virgil, Horazen rühmen kann, so ist doch ein Original-Scribent von noch edlerer Herkunft. Ein Original-Scribent ist, wie Tacitus von Curtius Rufus sagt, aus sich selbst gebohren; er ist sein eigener Stamm-Vater, und wird gewiß ein zahlreiches Geschlecht von Nachahmern hinterlassen, die seinen Ruhm verewigen werden; indessen daß die Nachahmer wie die Maulesel ohne Nachkommenschaft sterben. Ob wir ihm also gleich dafür sehr verbunden sind, daß er uns einen Homer gegeben hat, so würde er uns doch doppelt verbindlich gemacht haben, wenn er uns — einen Pope gegeben hätte. War seine Einbildungskraft lebhaft? Kannte er das wahre Erhabene? Wenn wir dieß voraussetzen, so hätten wir zween Homer, statt einem, bekommen können, wenn er länger gelebt hätte; denn ich hörte noch den sterbenden Schwan wenig Wochen vor seinem Tode, von einem Epischen Plane dichten.

Baco, unter dessen großen Namen ich für meinen gegenwärtigen Versuch zum Vortheil der Originale gern einigen Schutz suchen wollte, Baco sagt: „die Menschen bemühen sich nicht, ihren eigenen Vorrath und ihre Fähigkeiten kennen zu lernen; sondern sie bilden sich ein, ihr Vermögen sey größer, und ihre Fähigkeit sey kleiner, als beydes wirklich ist." Und

3 die in uns den Muth erregt 6 Streiter, in 23 A Scribent, ist 24 A wir Df. 24 f vom Curtius 32 Homere 33 einen 40 beyde wirklich sind 37 Originale, gern

hiermit sagt Baco eigentlich: „daß wir uns mehr hervorthun sollten, als wir insgemein thun; und daß, wenn wir uns hervorthun, wir mit mehrern Rechte hoffen können, glücklich zu seyn, als wir glauben."

Und ich habe nicht nur Bacons Meinung, ich habe auch sein Beyspiel auf meiner Seite. Sein großer Geist durchreisete die ganze Welt des Verstandes, und mit mehr als Adlers-Augen sah er und zeignete die lichten Plätze, und die dunklen Flecken darinnen aus, die der menschliche Verstand noch nie beschienen hatte; einige darunter sind in den folgenden Zeiten aufgehellet worden; über einigen liegt noch immer die Nacht.

Ueberdieß sind die verwegenen Ausschweifungen der menschlichen Seele so gränzenloß, daß sie in der großen Weite, die noch außer der wirklichen Existenz liegt, Schattenbilder und unbekahnte Welten hervorrufen kann, die so zahlreich, so glänzend und vielleicht so dauerhaft als die Sterne seyn werden. Solche ganz originale Schönheiten können wir paradisische Schönheiten

— ohne Saamen entsprossene Blumen [1])

nennen. Wenn so ein weites Feld zu einer rühmlichen Verwegenheit in Original-Versuchen vor uns offen lieget, wollten wir denn nur den bleyernen Röhren ähnlich werden, und kleine Ströme der Schönheit aus dem großen Wasserhälter des Alterthums, in unsere gegenwärtige Zeiten herüber leiten, Ströme, die vielleicht in ihrem Laufe noch trüber gemacht worden. Originale glänzen gleich den Cometen; sie haben in ihrer Bahn keineñ neben sich; keiner darf ihnen gleich kommen, und doch bewundern sie alle. Alle andere Compositionen, wenn sie auch schimmern, schimmern doch nur dunkel, wie die Sterne in der Milchstraße; wo sie, gleich bösen Nachbarn, alle von einander leiden; denn jeder wird vor sich verkleinert, und fast gänzlich in dem Gedränge verloren.

Wenn Gedanken von dieser Art allgemeiner würden, wenn die Alten und Neuern nicht länger als Lehrer und Schüler, sondern, als genau vereinigte Nebenbuhler in dem Verlangen nach Ruhm, angesehen würden; dann würden die Neuern durch die lange Dauer ihrer Arbeiten, einmal selbst unter die Alten gezählet werden. Und die Zeit, welche die Verdienste am besten abwägen kann, würde, um ihre Wage im Gleichgewichte zu halten, das goldene Gewicht eines Augusteischen Jahrhunderts, in beyde Schalen legen; oder unsere Schale würde vielmehr niedersinken, und die Schale des Alterthums würde (wie ein neuerer Nebenbuhler der Alten sich kühn ausdrückt) an den Wagebalken schlagen. Und warum sollte dieß nicht möglich seyn? Denn bedenken Sie, daß eine unpartheyische Vorsehung die Talente ohne Unterschied in allen Ständen der Menschen, wie

1) Natos sine semine flores. Ovid.

5 durchreiste 14 paradiesische 29 sondern als

in allen Perioden der Zeit, vertheilet; daß durch die Offenbarung ein bewundersswürdiges Licht, dessen sich die Alten nicht erfreuen konnten, um uns her ausgebreitet worden; indem dieselbe unsern Verstand durch große Aussichten erweitert, unsere Einbildungskraft mit glänzendern Gegenständen bereichert, unsere Leidenschaften durch die Begierde nach einem unschätzbaren Preiße entzündet, und also jede Kraft der Seele, welche der Composition einen Glanz geben kann, erhöhet hat; daß, seit dem Adam, welcher keine Werke hinterließ, das menschliche Geschlecht nie gefallen ist, und daß die Schriften aller der übrigen Alten, unsere Bundsgenossen wider sie selbst sind, weil sie unsere Ehrbegierde beständig reitzen, und für uns glänzende Fackeln auf dem Wege zum Ruhm werden. Bedenken Sie, daß diese Welt eine Schule ist, worinnen sowohl der Verstand als das Herz gebessert werden kann; und daß, je länger die menschliche Natur in dieser Schule ist, desto mehr wird sie ein vollkommner Schüler werden; bedenken Sie, daß wie die moralische Welt ihr glorreiches Jahrtausend erwartet, nach den Regeln der Analogie auch die Welt des Verstandes auf einen höhern Grad von Vollkommenheit sich Hoffnung machen könne, der ihre letzten Scenen verherrlichen wird; ja sie wird denselben nicht nur hoffen, sie muß ihn auch wirklich besitzen können. Denn Tullius, Quintilian und alle wahre Kunstrichter bekennen, daß die Tugend dem Genie aufhilft, und daß der Schriftsteller noch geschickter seyn werde, wenn der Mensch noch besser ist. — Wenn Sie, sage ich, alle diese besondern Umstände bedenken, so weiß ich nicht, warum es ganz unmöglich zu seyn scheinen sollte, daß des Himmels neueste Ausgabe der menschlichen Seele, nicht die correcteste und schönste seyn sollte; warum nicht die Zeit einmal kommen könnte, da die Neuern, stolz auf die entgegengesetzte Dunkelheit der vorigen Zeiten, auf die Kinder des Alterthums zurück sehen, den Homer und Demosthenes nur als die Dämmerung des göttlichen Genies, und Athen als die Wiege des noch jungen Ruhms werden betrachten können. Welche glorreiche Revolution würde dieß nicht in den Jahrbüchern des Nachruhms verursachen?

Wie sehr vergessen sie sich hier, werden Sie sagen. — Ich will es Ihnen einigermaßen einräumen. Aber bedenken Sie, mein Freund! Die Naturkunde, die Sittenlehre, die Mathematik, die Theologie erheben sich; alle Künste und Wissenschaften machen ansehnliche Progressen; und mit ihnen zugleich alle Bequemlichkeiten, alle Verschönerungen, das Vergnügen und der Glanz des menschlichen Lebens; und diese sind eine neue Nahrung für das Genie eines feinen Scribenten; diese sind gleichsam die Wurzel, und die Composition ist die Blume; wenn die Wurzel sich ausbreitet und

2 bewundernswürdiges 7 A seitdem Df. 11 zum Ruhme 13 f dass die menschliche Natur, je länger sie in dieser Schule ist, um desto mehr ein vollkommner Schüler werden wird; 16 Verstandes, 17 Vollkommenheit, 26 Neuern, so auf 27 Alterthums stolz zurücksehen A sehen;

treibt, wie kann die Blume aussenbleiben? Sonst könnte auch die Blume blühen, wenn die Wurzel erstorben wäre. Die Klugheit fordert, daß wir die Alten lesen; das Genie, daß wir sie empfinden; die Ruhmbegierde, daß wir sie übertreffen, und die Weisheit, daß wir unsere Stärke an einem Versuche prüfen, worinne es eben keine große Schande ist, zu fehlen.

Warum verdammte Maro seine vortrefliche Epopee zum Feuer? That er das nicht, weil er mit dem Auge des Kenners einen gewissen Grad der Vollkommenheit noch darüber hinaus bemerkte? Und können nicht andere das erreichen, was er bemerkt hat. Wer kann aber mehr Anspruch auf diesen Ruhm machen, als unsere Landesleute? Von den Britten besonders kann man etwas neues erwarten; denn sie scheinen von den übrigen Sterblichen nicht sowohl durch die, sie umgebende See, als durch das, was in ihren Adern strömt, unterschieden zu seyn; ja von ihnen darf man fast nichts mehr fordern, wenn sie uns Originale liefern sollen, als daß ihr Charakter sich stets gleich bleibe, und daß sie eben so schreiben mögen, wie sie leben. Möchte doch unser Genie glänzen, und in dieser erhabneren Aussicht, uns für Britten erklären,

— die mit der kleinsten Nacht zufrieden sind [1]).

Und dieß ist auch geschehen. Denn in den Schriften des Geschmacks, in den Natur- und Mathematischen Wissenschaften, haben wir schon große Originale. Bacon, Boyle, Newton, Schakespeare, Milton haben uns gezeigt, daß alle Winde die Brittische Flagge nicht weiter bringen können, als ein Original-Geist den Brittischen Ruhm. Ihre Namen gehen in der ganzen Welt umher; und welches fremde Genie streichet nicht vor ihnen die Seegel? Warum können nicht ihre Nachkommen, sich in eben das verwegene Schiff einer neuen Untersuchung einschiffen, und auf eben den glücklichen Erfolg hoffen? Sie können darauf hoffen; oder sie müssen behaupten, daß jene Originale, die wir schon besitzen, von Engeln geschrieben worden, oder leugnen, daß wir Menschen sind. Was Simonides zum Pausanias sagte, das sollte die Vernunft zu dem Scribenten sagen: „Erinnere dich, daß du ein Mensch bist." Und es ist ein Schimpf für die menschliche Natur, und ein Ungehorsam gegen die göttliche, wenn der Mensch nicht alles das zu erreichen strebt, was lobenswürdig ist, und in seinem Gesichtskreise liegt. Denn wie der Himmel nichts vergebens thut, so befiehlt er auch, wenn er uns Talente giebt, zugleich ausdrücklich, daß wir sie gebrauchen sollten.

Einer meiner Freunde [2]) hat diesem Befehle gehorcht; er hat zu sich

1) . . . minima contentos nocte Britannos
2) Wer ist wohl der Freund? Ist es nicht vielleicht Richardson selbst?

1 f Sonst müßte auch die Blume blühen können, 6 Warum verurtheilte Maro 7 er es nicht Kenners, einen 8 Vollkommenheit, noch 21 Shakespeare 36 sollen

selbst seine Zuflucht genommen, und durch ein Genie, das sowohl Moralisch als Original war, hat er, (wenn ich mich so kühn ausdrücken darf) die bösen Geister vertrieben, und aus einer Art von Composition, welche ehemals die größte Feindinn der Tugend war, einen Proselyten der Tugend erworben; so wie die ersten Christlichen Kaiser die Götzen vertrieben, und ihre Tempel dem lebendigen Gott widmeten. Aber da Sie, wie ich weiß, in Ihrem Lobe dieses Autors sehr sparsam sind, so will ich von einem reden, der Ihren Beyfall gewiß erhält. Sakespeare mischte kein Wasser unter seinen Wein, und erniedrigte nicht sein Genie durch eine verdorbene Nachahmung. Sakespeare gab uns einen Sakespeare, und auch der berühmteste unter den Alten, hätte uns nicht mehr geben können. Sakespeare ist nicht ihr Abkömmling, sondern ihr Bruder; und bey allen seinen Fehlern, dennoch ihnen gleich. Glauben Sie, daß dieß zu verwegen gesprochen ist? Bedenken Sie doch, was eigentlich die Welt an jenen Alten bewundert? Nicht dieß, daß sie so wenig Fehler, sondern daß sie so viele und glänzende Schönheiten haben; und ist Schakespeare ihnen darinnen gleich, was man an ihnen bewundert, (und er ist es gewiß) so ist Schakespeare so groß als sie: und man darf seine Fehler nicht dem Unvermögen, sondern einer andern Ursache Schuld geben.

Wenn wir diese großen Männer in Vergleichung setzen, was untersuchen wir eigentlich anders, als die Größe ihres Genies in ihrem Verhältnisse? Ein Riese aber verliert nichts von seiner Größe, ob er gleich einmal in seinem Laufe fällt. Doch man macht jenen Helden des Alterthums nur ein Compliment, wenn man vorgiebt, daß Schakespeare nur in der dramatischen Geschicklichkeit ihnen gleich komme. Die Vergleichung würde also noch immer zu seinem Vortheil ausfallen, wenn auch seine Fehler noch größer gewesen wären.

Und endlich herrschet auf der Brittischen Scene das Genie eben so sehr, als auf der Griechischen; obgleich jene nicht so genau von allen Flecken, nicht von den Fehlern wider die Regeln des Drama, und besonders der Moral, gereiniget ist. Denn ein frommer Heyde, der manche von unsern berühmten Scenen läse, würde sehr betroffen seyn, wenn er sehen müßte, daß die Verbindlichkeiten, die wir der natürlichen Religion schuldig waren, durch das Christenthum aufgehoben worden.

In dem ernsthaften Drama, ist Johnson eben sowohl ein Nachahmer, als Schakespeare ein Original ist. Zu seinem Schaden war er sehr gelehrt, so wie Simson sehr stark war. Er war für die Natur des Trauerspiels blind; er stürzte das ganze Alterthum auf seinen Kopf, und vergrub sich darunter. Wir sehen nichts mehr von Johnson; und in der That

---

7 f A von einen reden Df. 8 u. 10 Shakespeare 10 Shakespeare; und 11 Shakespeare 16 Shakespeare 17 Shakespeare 24 Shakespeare 28 herrscht 33 Verbindlichkeit 34 bey dem Christentume aufgehoben 36 Shakespeare

auch nichts mehr von seinen bewunderten (aber auch verstümmelten) Alten; denn was den Geschichtsschreiber glänzend machte, das verdunkelt den Poeten; und Catilina würde vielleicht ein gutes Stück gewesen seyn, wenn Sallust nie geschrieben hätte.

Wer weiß, hätte nicht Schakespeare weniger gedacht, wenn er mehr gelesen hätte? Wer weiß, hätte er nicht unter der Last von Johnsons Gelehrsamkeit, wie Enceladus unter den Aetna geseufzet? Es ist wahr, sein großes Genie würde auch unter einer niederdrückenden gebirgegleichen Last, noch etwas von seinem unauslöschlichen Feuer geathmet haben; dennoch aber hätte er sich vielleicht nicht zu den großen Riesen, zu den mehr als gewöhnlichen Menschen erhoben, den wir itzt mit Erstaunen und Vergnügen anschauen. Vielleicht besaß er so viel Gelehrsamkeit, als sein dramatisches Amt erforderte; denn, wenn ihm auch alle andere Gelehrsamkeit fehlte, so verstand er doch zwey Bücher vollkommen, die manchen unter den tiefsinnigsten Gelehrten unbekannt sind, ob sie gleich nur der letzte allgemeine Brand verwüsten kann; das Buch der Natur und das Buch des Menschen. Diese hatte er ins Gedächtniß gefaßt, und manche trefliche Seite hat er daraus in seinen unsterblichen Werken abgeschrieben. Dieß sind die Brunnquellen, woher die Castalischen Ströme der Original-Compositionen fließen; aber sie werden oft mit andern Wassern unglücklich vermischt, ob gleich diese Wasser in ihrem besondern Canale sehr gesund und lauter sind; so wie chymische Säfte, die von andern abgesondert so klar wie Crystall sind, nur in der Vermischung unrein, und für das Auge unangenehm werden. Er besaß also nicht nur so viel Gelehrsamkeit als sein dramatisches Amt erforderte, sondern vielleicht so viel, als es leicht tragen konnte. Hätte Milton etwas von seiner Gelehrsamkeit erspare t, so würde seine Muse dadurch mehr Ruhm erhalten, als verloren haben.

Dryden, dem das Genie des Schakespears fehlte, hatte fast so viel Gelehrsamkeit als Johnson, und für den Cothurn eben so wenig Geschmack. Das Pathos war ihm völlig unbekannt, und diesen Verlust bestrebte er sich durch die Verse, durch den Ausdruck, durch Gedanken und durch alle die andern dramatischen Betrügereyen zu ersetzen; als wenn der Fromme den Mangel des Gewissens, der Soldat den Mangel der Tapferkeit, und die Nonne den Mangel der Sittsamkeit, irgend durch etwas ersetzen könnte. Die edle Natur der Tragödie verschmäht iedes Equivalent. Gleich der Tugend, fordert sie das Herz, und Dryden hatte kein Herz ihr zu geben. Laßt die Epischen Dichter denken; die Absicht des tragischen Dichters ist vielmehr zu fühlen; So wenig stimmet der Tragicus und der Poet mit einander überein, daß wenn man den letzten aufnimmt, so vertilgt er den erstern. Betrachtet den Barnwell und Esser, und sehet, wie in Vergleichung

---

3 Catillina Df. 5 Shakespeare 17 daraus, in 24 Gelehrsamkeit, als 26 erspart 28 Shakespears 39 verdrängt er

mit diesen ganz entfernten Charactern, Dryden sie übertrift, oder von ihnen übertroffen wird. Aber am allermeisten beweisen seine mit Reimen verbrähmten Tragödien, wie wenig Geschmack er für den Cothurn besaß. Denn in der Epischen Poesie sind die Reime eine schwere Krankheit, aber in der Tragischen sind sie der völlige Tod. Popens Fehler war gegen Drydens Verbrechen gehalten, eine Kleinigkeit. So wie die Sticker der Trauer feind sind, so waren diese zween, an Reimen reiche Schriftsteller, keine großen Freunde von jenen feyerlichen Schönheiten, welche die hohe Würde ihrer Werke forderte.

Also sollen die Reime gänzlich verbannet seyn? werden Sie sagen. Ich wünschte, daß die Natur unserer Sprache ihre gänzliche Verweisung erlauben könnte; aber unsere niedere Poesie ist genöthiget, sie noch zu dulden. Diese gewinnt durch den Reim, indem die höhere Poesie dabey verliert. So wie das Flittergold die Kinder putzt, aber die Erwachsenen lächerlich macht. Prinz Heinrich ganz übergüldet in seinem Schnür-Kleide mit schimmernden Hefteln, und ein Achilles oder ein Almanzor in seinem Gothischen Aufzuge, kommen mir in Ansehung der hohen Würde des Dichters und des Prinzen, sehr einerley vor. Dryden besaß eine große Fähigkeit der Seele, aber sie war zu allgemein; und ein allgemeines Genie giebt es in der Natur nicht. In einem Genie sind die Stralen der Seele concentrirt, und auf einem gewissen Punkt gerichtet. Sind sie weit aus einander zerstreut, so rühren sie nur schwach, und fallen nicht mit genugsamer Stärke auf das Herz, um es zu entzünden oder zu schmelzen. So wie das, was aus dem Herzen des Scribenten kömmt, wieder in unser Herz übergeht, so setzet das, was aus seinem Verstande kömmt, unsern Verstand in Bewegung, und läßt unser Herz in Ruhe. Es macht aus den Zuhörern, eine Versammlung von tiefsinnigen Kunstrichtern, nicht aber von fühlbaren, leidenden Menschen; und nur fühlbare, leidende Zuhörer fordert die Tragödie. Der Beyfall muß nicht freywillig gegeben, er muß erzwungen werden; und eine einzige stillvergossene Thräne macht dem Scribenten weit mehr Ehre, als das laute Klatschen von tausend Händen. Das Händeklatschen bey trockenen Augen (und beydes sah man oft zugleich), als Dryden noch auf dem Theater herrschte) dieß ist eine Satire auf den Verstand des Dichters und auf den Geschmack des Zuschauers. Solche Kunstrichter, die blind ihren Beyfall austheilen, und ein solcher Dichter der ihn stolz annimmt, diese kommen mir vor, wie ein berauschter Wirth, und seine geschmacklosen Gäste, die ein röthliches vermischtes Getränke, vor Champagner-Wein halten, und außerordentlich loben.

Doch Dryden hat seine Verdienste, wenn gleich nicht auf der Bühne. Was für ein unnachahmliches Original ist nicht seine Ode?[1]) Zwar ein

1) The power of musick

5 A sind sie, der 10 verbannt 15 Heinrich, ganz übergüldet, in 37f Getränke vor

kleines Stück, aber von vorzüglicher Schönheit, und ohne einen Flecken. Unter den glänzendsten Stücken, worauf das Alterthum stolz ist, wird es einen Platz finden.

Herr Addison gehört zu den größten Geistern unter den Neuern. Wer nahet sich nicht seinem Character, mit einer tiefen Ehrfurcht? Die, welche sich noch weigern, sich mit der Welt über sein Lob zu vereinigen, weigern sich dessen auf ihre Gefahr. Doch man muß nothwendig Gefahr laufen, wenn man nur für seine eigene Meinung eingenommen ist. Addison besaß, was Dryden und Johnson mangelte, ein feuriges und fühlbares Herz; aber weil er von Natur ernsthaft und sittsam war, so verbarg er aus einer philosophischen Zurückhaltung und einer Art von moralischer Scheinheiligkeit, dieß Herz eben da, wo er es seinem ganzen Feuer hätte überlassen, und die höchste Zärtlichkeit und Empfindlichkeit des Herzens hätte zeigen sollen. Wenige vergießen in seinem berühmten Cato Thränen, außer Cato selbst; und so rühmlich auch diese Thränen in der That sind, so rühren sie doch niemanden als die wenigen Edeln, die ihr Vaterland mehr als sich selbst lieben. Die meisten unter den Menschen haben zu wenig Tugend, als daß sie durch diese Thränen gerührt werden sollten. Er hat durch sein großes Genie ein glänzendes und noch prächtigeres, ja noch güldeneres Bild aufgestellet, als das Bild in der Ebene von Dura war; damit die frostige Bewunderung davor erstaunen, und die heiße Liebe fürs Vaterland (aber die so seltne Liebe!) es verehren möchte; indessen das Schrecken und Mitleiden, welches gleichsam die beyden klopfenden Pulsadern des Drama sind, durch die es allein sein Leben äussert, in dem ganzen Stücke vernachläßiget worden, und unser unbekümmertes Herz völlig in seiner Ruhe lassen. So wird der Dichter, wie sein Held aus einer übelverstandenen Hoheit, und einer zu hoch getriebenen Tugend, einigermaßen ein Selbstmörder; und das, was im Drama am meisten dramatisch seyn sollte, stirbt. Alle die Schönheiten seiner Poesie sind nur Blumen, um das Grab der todten Tragödie zu schmücken, und alle seine großen Gedanken sind nur kostbare Specereyen, um sie zu salben.

Das Pathos ist nicht nur das Leben und die Seele der Tragödie, sondern die unauslöschliche Seele; seine Reitzungen scheinen unter hundert Fehlern hervor. Die bloßen Zierrathen, die man bey diesem Scribenten häufig findet, wenn sie auch eine andere Gattung der Poesie verewigen könnten, sind doch nur glänzende Verbrechen, welche das Drama verwerflich machen; da im Gegentheile der tragische Dichter, wenn er auch alle andere Schönheiten vernichtet, leicht Vergebung findet, und den Lorbeer von seinem Haupte nicht verlieret. Wäre dieß nicht gewiß, so würde Schakespeare selbst Gefahr laufen, seine Krone zu verlieren.

---

13 Herzens, hätte 20 aufgestellt 23 daß [beide Lesarten geben Sinn] 26 Held, aus 39 von seinen 40 Shakespeare

Sokrates besuchte oft das Theater, wenn man die Stücke des Euripides spielte, und welcher noch lebende Sokrates würde das Theater bey der Vorstellung des Cato nicht besuchen? Die Mörder des Tullius fanden denselben, wie er in der Senfte die Medea des griechischen Dichters las, um sich zum Tode zu bereiten. Man kann gewisse Stücke aus dem Cato in eben der Absicht lesen. Addison ist in Ansehung der Würde und Hoheit der moralischen Betrachtungen, demjenigen Dichter ähnlich, den man den dramatischen Weltweisen nennte; er ist selbst, was er vom Cato sagt, stolz spruchreich. Aber in Ansehung der seltnen, und beym Euripides so werkwürdigen Gabe, die Herzen so tief zu rühren, daß sie zärtlich sich in Gram und Mitleiden ergießen, darinnen ist Addison nicht mehr ihm ähnlich. Seine Schönheiten schimmern, aber sie erhitzen nicht; sie schimmern wie die Sterne in einer kalten Nacht. Es ist wahr, in seinem Stücke erblickt man eine ganze Constellation; hier ist der Philosoph, der Patriot, der Redner, und der Dichter; aber wo ist der tragische Dichter? Und wenn dieser fehlt,

Warum, ernsthafter Cato! bist du auf die Bühne gekommen?[1])

Und denke ich an dasjenige zurück, was zwischen ihm und Dryden in Ansehung dieses Stücks vorgegangen, so muß ich die drauf folgende Zeile hinzu setzen:

Kamst du nur darum, damit du wieder hinweg gehen möchtest?[2])

Denn Addison, als er noch zu Oxford studierte, überschickte dieses Stück seinem Freunde Dryden, als demjenigen, der es dem Theater am besten empfehlen könnte, wenn es desselben würdig wäre. Dryden schickte es ihm mit großen Lobsprüchen wieder zurück, meldete ihm aber zugleich, daß es nach seiner Meinung, auf dem Theater nicht so glücklich ausfallen würde, als es in der That verdiente. Doch, obgleich das Theater diesem Stücke versagt ward, so brachte es doch seinen Verfasser auf die öffentliche Bühne des Lebens. Einige angesehene Personen erkundigten sich bald darauf bey dem Vorsteher seines Collegii nach einem geschickten jungen Menschen. Man empfahl ihnen Addison, und derselbe ward bald hernach wegen der großen Lobsprüche angenommen, die ihm Dryden eben damals überall gegeben hatte.

Es findet sich hier zwischen dem Dichter und dem Stücke einige Aehnlichkeit. So wie dieß mehr in das Cabinet als auf das Theater gehöret; so zeigte sich jener mehr im Privatumgange, als in der großen Scene des öffentlichen Lebens, in seinem völligen Glanze. Beyde waren nur in einer gewissen Stelle vortreflich; so wie die heydnischen Götter

1) Cur in theatrum Cato seuere venisti?

2) An ideo tantum veneras, vt exires? Mart.

6 ist, in   10 Gaben Df.   30 Collegii, nach

nur in einer gewissen Stelle Gottheiten waren; außer dieser Gränze blieben jene unbewundert, und diese unverehret. Dieß erinnert mich an Plato, der den Homer seinen Mitbürgern versagte, den Homer, den er doch, wenn er in seinem Cabinet war, selten aus der Hand legte. So ist Cato, wenn er auch nicht bestimmt ist, sich in den feurigen Bewegungen des Theaters berühmt zu machen, dennoch für uns ein höchstliebenswürdiger Gesellschafter in den sänfterern Ergötzungen unsrer einsamen Stunden.

Dieses Stück ist, ungeachtet alles dessen, was man darwider eingewendet hat, in verschiedenen Aussichten, ein auserlesenes Stück. Aber die Kunst herrscht darinnen so sehr über die Natur, daß ich es nothwendig ein auserlesenes Stück der Bildhauerkunst nennen muß,

Wo seine ganze Kunst der feine Meißel zeigt,
Und in ein zartes Fleisch, den rauhen Stein erweicht[1]).

Das heißt, wo die Kunst sich große Mühe gegeben hat, undramatischen Materien, ein dramatisches Leben zu geben, welches doch unmöglich ist. Und dennoch müssen wir dieß Stück, wie es auch ist, gleich dem Pygmalion zu lieben anfangen, und wünschen, daß es leben möchte. Wie sehr würde ein Schakespeare oder ein Otway unsere Wünsche erfüllet haben? Sie würden den Prometheus übertroffen, und durch ihr göttliches Feuer dem Stücke nicht nur das Leben, sondern auch die Unsterblichkeit verliehen haben. Bey ihren Schauspielen (so stark ist die Gewalt der Natur!) verlieren wir den Dichter aus dem Gesicht; er ist ganz hinter seiner Venus verborgen; man denkt nicht weiter an ihn, bis der Vorhang zufällt. Unsern Autor aber bringt die Kunst hervor; er stehet vor seinem Stücke, prächtig zwar, aber ohne Glück; denn der Zuhörer muß den Scribenten vergessen, so lange die Vorstellung dauret, wenn dieser wünscht, daß die Nachwelt nach Jahrhunderten noch, an ihn denken soll. Auf dem Theater, wie im Leben, ist der Betrug oft angenehm; und wir hören auf vergnügt zu seyn, so bald wir nicht mehr hintergangen werden. So sehr können wir überzeugt seyn, daß derjenige Schauplatz noch nicht eröffnet ist, wo der Mensch eine wahre Glückseligkeit finden wird; weil jeder Mensch nur vergleichungsweise gut ist, und weil die Thorheit noch immer einen verborgenen Platz in dem Herzen des Weisen behauptet. Ein Genie, welches für die Zierrathen eingenommen ist, sollte nicht mit der tragischen Muse, die nur in der Trauer erscheint, verbunden werden. Wir wollen bey einer Vorstellung nicht belustiget seyn, wo wir unser größtes Vergnügen nur dann empfinden, wenn wir stark gerühret werden. Aber woher entsteht (im Vorbeygehen

1) Where the smooth chisel all its skill has shown,
To soften into flesh the rugged stone. Addison.

7 sanfterern 8f aller Einwürfe, die man darwider gemacht hat 12 Kunst, der 14 A B das 16f Pygmalion, zu 18 Shakespeare 36 belustigt

gesagt) diese wunderbare Erzeugung des Vergnügens aus dem Schmerze? Die Aufwallung unserer traurigen Leidenschaften ist für uns angenehm, so lange wir selbst ungestört glücklich sind. Wir empfinden ein gewisses Vergnügen, wenn wir zu gleicher Zeit elend, und doch unbeschädigt seyn können. So sind wir einmal gebildet, damit wir die göttliche Güte an uns erkennen, damit wir einsehen mögen, daß keine von unsern Leidenschaften bestimmt war uns zu quälen, außer dann, wenn es unser Vortheil im Ganzen erforderte, daß wir gequälet würden. Und dieß ist aus diesem Beyspiele klar, worinnen wir wahrnehmen, daß die schmerzhaftesten Leidenschaften oft sehr viel zu unserm Vergnügen beytragen. Ich wünsche, daß diese Auflösung, ob sie mir gleich wahrscheinlich ist, dennoch kein Irrthum seyn möge, weil große Männer in diesem Stücke anders geurtheilet haben.

Derjenige, (damit wir unsere Gedanken über den Cato beschließen) welcher nicht sehr viel Schönes in diesem Stücke findet, hat keinen Geschmack für die Dichtkunst; der, welcher alles schön darinnen findet, hat keinen Geschmack für das Theater. Dieß Stück rechtfertiget die Critik, und nöthiget uns doch zugleich zum Beyfall. Es sind viele Stellen darinne, die man bewundern muß, aber wenige, wobey man fühlt. Wäre es keine Tragödie gewesen, so wäre es unsterblich. Weil es aber eine ist, so gleichet ihr ungewöhnliches Schicksal einigermaßen dem Schicksale desjenigen, welcher zum Tode verurtheilt ward, weil er einen herrlichen Sieg erhalten hatte. Beyde glänzten; aber sie glänzten nur zu ihrem Unglück, weil jeder von ihnen, seinen vorgesetzten Gesetzen, dieser den Gesetzen des Kriegs, und jener den Gesetzen des Schauspiels, zuwider gehandelt hatte. Aber wie reich an Ruhm muß derjenige Schriftsteller nicht seyn, der einen Cato vermissen kann, ohne den Verlust zu fühlen?

Addison hat diesen Verlust kaum fühlen können. Er verlor gleichsam nur eine einzige Feder aus einem Flügel, durch den er sich über alle seine Zeitverwandten aufschwang. Er hatte ein weit feineres, bescheidenerѕ, einsichtsvolleres und ausgebreiteteres Genie, als Pope und Swift. Wenn man diese Triumvirs von einander unterscheiden, und gleich dem Newton, die verschiedenen Farben in diesen reinen, mittaglichen Stralen des Lichts der Gelehrsamkeit, entdecken wollte; so könnte man den Swift, einen außerordentlich witzigen Kopf, Popen, einen correcten Poeten, und Addison, einen großen Schriftsteller nennen. Swift betrachtete den Witz, als das Ius diuinum, um in der Welt eine allgemeine Herrschaft zu haben, und er sah als einen Eingriff in sein Recht, alle Fähigkeiten an, welche Personen von minder glänzendern Verstande besaßen. Dieß verleitete ihn zur Tyranney im Witze. Pope war fast eben dieser Meinung, aber doch mehr geneigt, diese Tyranney zu mildern, und in eine gesetzmäßige Monarchie zu ver-

18 muß; aber man empfindet 24 Doch wie 25 Ruhm, muß 30 mehr ausgebreitetes 32 mittäglichen 38 verleitet

wandeln. Dennoch finden wir in seiner Regierung einige Thaten, welche eine allzugroße Strenge verriethen. Addison erhielt seine Krone durch die Wahl; er herrschte auf Verlangen des Publicums;

— — — den willigen Völkern
Giebt er Gesetze, und sucht den Weg zum Olymp hin.[1])

Aber, weil gute Bücher die Arzney der Seele sind, könnten wir nicht, wenn wir diese Autoren ihrer Würde entsetzten, und sie nicht in ihrer königlichen, sondern in ihrer medicinischen Größe betrachteten, könnten wir dann nicht sagen Addison habe eine gesunde und angenehme Diät vorgeschrieben, die von allen willig angenommen ward, und eine sehr gute Würkung that; Pope habe mehr eine reinigende Satire vorgezogen, die zwar gesund, aber in ihrer Würkung zu beschwerlich war; Swift aber sey bey einer großen Dosi von Ipecacuanha geblieben, wobey der Patient, ob er sie gleich wegen des großen Rufs seines Arztes leicht einnahm, dennoch, wenn er nur etwas zärtlichen Geschmack hatte, die Arzney wieder von sich weg brach, anstatt die Krankheit zu verlieren.

Addison schrieb wenig in Versen, mehr aber in einer angenehmen, feinen, Virgilianischen Prose. So lassen Sie mich sie nennen; denn Longin nennt auch den Herodotus sehr Homerisch, und man sagt vom Thucydides, daß er seinen Stil nach dem Pindarischen gebildet habe. Addisons Schriften sind von den feinsten Materialien, in dem Geschmack der Alten, und, damit ich mich in seiner Sprache ausdrücke, auf den rechten Classischen Grund und Boden erbauet. Und ob sie gleich die Ergötzung unserer Zeiten sind, so bin ich doch überzeugt, daß ihnen die Nachwelt noch mehr Gerechtigkeit wird wiederfahren lassen. Ich lese ihn nie, ohne von dem Gefühle der Vollkommenheit so sehr gerührt zu werden, daß ich den Muth verliere, und meine Feder niederlege. Ja gewiß, noch weit berühmtere Scribenten müßten seine Schriften ganz vergessen, wenn sie mit den ihrigen sehr zufrieden seyn wollten.

Und dennoch (vielleicht haben Sie nicht darauf gemerket) was ist die gewöhnliche Sprache der Welt, selbst die Sprache seiner Bewunderer, wenn sie von ihm reden? Sie nennen ihn einen feinen Scribenten. Die Feinheit, welche auf der Oberfläche seiner Schriften schimmert, scheinet ihren Verstand zu blenden, und ihn einigermaßen für die tiefen Gedanken blind zu machen, welche darunter liegen; und so verlieret er (trauriges Schicksal!) seinen Ruhm bey ihnen, indem er sein Recht auf diesen Ruhm verdoppelt. Kein Schriftsteller seiner Zeit hat von den rührendsten und erhabensten Materien, mit größern, ich wollte fast sagen, mit gleichem

1) . . . . Volentes
Per populos dat jura, viamque affectat Olympo. Virg.

9 sagen, Addison 12 Wirkung [gegen: Würkung 11] 19 Herodotus, sehr 35 verliert 40 Olympo,

Nachdruck geschrieben; und die, welche ihn wegen seiner Eleganz erheben, bezeugen ihm durch ihr zurückhaltendes Lob, eben so viel Achtung, als man der Lucretia bezeugen würde, wenn man sie bloß wegen ihrer Schönheit loben wollte.

Aber ich kenne schon seinen Werth, werden Sie sagen. — Es ist wahr, Sie kennen schon den Werth seiner Schriften, und kommen darinn mit dem Publico überein, daß Sie dieselben für unsterblich halten; aber noch wissen Sie, glaube ich, nicht, daß sein Name der Unsterblichkeit werth gewesen wäre, wenn er auch nie geschrieben hätte; und dieß zwar aus einem höhern Rechte, als die Feder uns geben kann. Sie wissen auch, daß sein Leben gefällig war; aber vielleicht erfahren Sie itzt erst, daß sein Tod triumphirend gewesen. Dieß ist ein Vorzug, der nur wenigen verliehen ist; und die väterliche Hand der Vorsicht, die bisweilen ihre geliebten Kinder in einem Augenblicke zu sich holet, muß uns überzeugen, daß dieser Vorzug für den Sterbenden insbesondere, von nicht geringer Wichtigkeit sey; und daß, wenn er ihm verliehen wird, er hauptsächlich zum Vortheil der ihn überlebenden Welt verliehen werde, damit sie durch sein frommes Beyspiel gebessert werden möge, dem die Vorsicht, die Kraft und die Gelegenheit giebt seine Tugend in dem letzten Augenblicke des Lebens, am allerherrlichsten hervorscheinen zu lassen. Und hier erlauben Sie mir die Anmerkung, daß die Welt durch das fromme Beyspiel eines Mannes aus dem weltlichen Stande, vermuthlich mehr gebessert werden wird, als durch das Beyspiel eines Mannes aus dem geistlichen Stande. (Denn insgemein glaubt der gemeine Mann, daß sich bey diesem letztern ein besonderer göttlicher Einfluß eingefunden habe.) Ich würde also, wenn ich ein glänzendes Beyspiel von diesem höhern göttlichen Einfluß unterdrücken wollte, gleichsam eine Art von Mord begehen, der für die noch Lebenden eine Beleidigung, und eine Ungerechtigkeit gegen den Todten seyn würde.

So ein Beyspiel haben wir an Addison, welches, ob es gleich bisher unterdrückt gewesen, dennoch, wenn es einmal bekannt seyn wird, ununterdrücklich, und zu selten, zu rührend ist, als daß es könnte vergessen werden. Denn nach einem langen und männlichen, aber vergebenen Kampfe mit seiner Krankheit, ließ er die Aerzte von sich; und mit ihnen, vergaß er alle Hoffnung zum Leben. Aber mit dieser Hoffnung zum Leben, vergaß er nicht seine Sorgfalt für die Lebenden; sondern er ließ einen jungen nahen Anverwandten zu sich rufen, der ein feiner ausgebildeter Mensch, aber doch nicht so vollkommen war, daß er nicht durch die guten Eindrücke eines sterbenden Freundes, noch hätte gebessert werden können. Er kam, aber da das Leben in der Hülle des Körpers, nur noch schwach schimmerte, so schwieg der sterbende Freund anfangs. Nach einer bescheidenen und anständigen Pause, sagte der junge Mensch: „Werthester Herr! Sie haben

11 Leben reitzend 19 giebt, seine Augenblick 24 f Einfluß gefunden 28 Todten, seyn 34 Doch mit 34 f er seine Lebenden nicht;

mich rufen lassen. Ich glaube und hoffe, daß sie mir etwas befehlen wollen. Ich werde ihre Befehle heilig beobachten." Möchten doch ferne Jahrhunderte die Antwort, nicht nur hören, sondern auch empfinden! Er ergriff des Jünglings Hand, drückte sie, und sprach sanft zu ihm: „Siehe, in welchem Frieden ein Christ sterben kann." Er sprachs mit Mühe aus, und starb bald darauf. O wie groß ist der Mensch, durch die göttliche Gnade! O wie kraftloß ist der Tod, durch die göttliche Erbarmung! Wer wollte nicht gerne so sterben?

Welch ein unschätzbares Vermächtniß waren diese wenige sterbenden Worte für den geliebten Jüngling? Welch ein herrliches Supplement, zu seinem schätzbaren Fragmente über die Wahrheit der Christlichen Religion? Welch ein mächtiger Beweis, daß seine Einbildungskraft nie etwas erdichtet hatte, was seine Tugend nicht hätte erreichen können? Denn als er uns durch die Hoheit der Römischen Großmuth am allerstärksten rühren wollte, so adelte er seinen sterbenden Helden durch diese erhabne Gesinnung:

Weil ich noch lebe, laßt mich nicht vergebens leben.

Cato.

Aber wie viel erhabener ist nicht diese Gesinnung, wenn sie sich in würkliche Handlung des Lebens verwandelt; wenn sie die Beschwerlichkeiten unsrer letzten Stunden vertreibt, und die Pein derselben lindert; wenn sie durch eine glänzende That den dunklen Zugang, und die ganz ehrwürdigen Gränzen einer Ewigkeit, aufhellet? Indem seine Seele nur noch schwach seinen Körper belebte, so belebte ein starker Glaube und eine feurige Menschenliebe seine Seele zu dem göttlichen Ehrgeitze, noch mehr Seelen als die seinige, glücklich zu machen. Es gereicht zu unserm Ruhm und zu unserm Vortheil, wenn wir ihn außerordentlich hochschätzen; denn je besser die Menschen sind, desto mehr werden sie ihn bewundern, und je mehr sie ihn bewundern werden, desto besser werden sie seyn.

Habe ich Ihnen hier nicht einen Fremdling in demjenigen gezeigt, den Sie so gut kannten? indem ich den lange verschlossenen Vorhang seines Sterbebettes aufgezogen habe. Sehen Sie nun nicht in ihrem Lieblings-Autor

— ein größres Bild, als das bekannte.[1])

Seine Schriften sind nur eine schöne Vorrede; das große Werk, ist sein Tod. Dieß ist ein Werk, das im Himmel gelesen wird. Wie hat er den vollendenden Beyfall der Engel, mit dem schon hier angefangenen Jauchzen der Menschen zu vereinigen gewußt? Wie herrlich hat er einen glänzenden Pfad, durch einen unsterblichen Ruhm, zum ewigen Frieden eröffnet? Wie hat er die Religion mitten unter den Trümmern seiner Natur triumphiren

1) . . . . Nota maior imago? Virg.

18 erhabner 25 Ruhme

lassen? Und mächtiger als der Tod, erhob er sich in seiner Tugend immer mehr, als er seinen Geist aufgab.

Wenn alle unsere großen Geister ihr Leben so beschlossen hätten; wenn alle unsere großen Geister, gleich ihm, große Geister für die Ewigkeit gewesen wären; so würden wir über die Nachricht von ihren letzten Stunden — aber ach! die diesen so wenig ähnlich sind, nie bestürzt worden seyn. Doch, um unsern Schmerz einigermaßen zu lindern, lassen Sie uns bedenken, daß dergleichen Nachrichten, welche machen, daß wir zugleich anbethen und zittern, sehr nützlich sind, wenn es noch allzuviele giebt, die zittern müssen, ehe sie anbethen werden; und die uns zu unserer Beschämung überzeugen, daß unsere in Gefahr gebrachte Tugend, ihre sicherste Freystadt, in der Furcht und in den Schrecken eines unverdorbenen Herzens findet.

„Aber die Nachrichten können falsch seyn, werden Sie sagen; und wenn alle Nachrichten wahr sind, werden Sie mich weiter fragen, wie kömmts, daß eine Anecdote, die der menschlichen Natur so viel Ehre macht als die meinige, so lange unbekannt geblieben ist? Welcher ungünstige Planet kam darzwischen, und zog über ihren Glanz so eine anhaltende und erstaunende Finsterniß?"

Die Sache selbst ist unwidersprechlich wahr; Sie dürfen auch nicht mir allein wegen der Wahrheit derselben trauen? Meine Erzählung ist nur eine zweyte Ausgabe. Sie war schon vorher bekannt gemacht, obgleich noch ein wenig dunkel, und mit einer Wolke bedecket; aber mit einer schönen Wolke, wie oft die Wolken vor der Sonne sind. Wie zärtlich rührend sind die zwo Zeilen, die diese so feyerliche und bewegliche Scene dem Dichter eingegeben hat.

Er lehrte uns leben; er lehrte uns (ach! nur zu theuer
Haben wir diese Kunst erkauft) er lehrte uns sterben [1]).

Vor dem Publico redete unser Orakel die Wahrheit nur in Dunkelheit gehüllet; aber gegen mich erklärte es sich deutlich. Er war bey dem Tode seines Gönners gegenwärtig; und er ertheilte mir die Nachricht, die ich hier davon gegeben habe, als er noch nicht über seinen Tod ausgeweinet hatte. Auf welche Art Addison uns zu sterben gelehrt hat, dieß überließ der Dichter einer spätern und weniger geschickten Hand, um es bekannt zu machen; aber einer Hand, die noch eifriger für seines Gönners Ruhm ist. Eifrig ist sie und unvermögend, gleich dem armen Aegyptier, der wenig Trümmern von einem zerbrochenen Bote zum Scheiterhauffen für den großen Pompejus sammelte, nur bemüht, einem so berühmten Manne, einige Ehre zu bezeigen. Doch wäre diese geringe Trümmer (erlauben Sie

1) He taught us how to live; and oh! too high
A price for knowlege, taught us how to die Tickell.

15 macht, als 22 bedeckt 40 Ticrell Df.

mir hier, dieß unvollkommene Blatt so zu nennen) wäre sie nicht an das Ufer geworfen worden, so würde der vornehmste Theil von seines Gönners Ruhme, ohnfehlbar auf ewig versunken seyn, und die späteste Nachwelt würde nur ein Fragment von seinem Ruhme erhalten haben. Zwar ist es ein herrliches, und für sein Genie so glorreiches Fragment, dennoch aber würde das Lob, das wir ihm seiner Schriften wegen geben wollten, ob sie gleich unsterblich sind, itzt nur eine Entehrung seyn, wenn unsere Lobrede sich damit endigte. Lassen Sie uns weiter hin auf jene letzte Scene sehen, welche bewies, daß die menschliche Natur sehr nahe mit der göttlichen verwandt ist. Lassen Sie uns dieser Scene, die alte und große Schuld unserer sehr spät nachkommenden Lobeserhebungen, bezahlen.

Diese Ausschweifung wird Ihnen sehr lang vorkommen, und zwar mit Recht; wenn man dieß eine Ausschweifung nennen kann, was doch überhaupt mein vornehmster Bewegungsgrund zum Schreiben war. Ich hatte längst gewünscht, dieses geheiligte Pfand, welches die Vorsicht in meine Hände gelegt hatte, der Welt zu überliefern, und ich entschloß mich zu der gegenwärtigen Unternehmung gewissermaßen, wie zu einer Einleitung von dem, was noch mehr verdiente, an den Tag zu kommen. Ich gab es Ihnen in dem Anfange meines Briefs zu verstehen. Denn dieß ist das vorterwehnte marmorne Grabmaal, zu welchem ich Sie zu führen versprach; dieß ist die Grablampe, und der lange verborgene Glanz unsers vollendeten Landsmannes, der nun gleichsam aus seinem Grabe aufsteiget, um die Ehre zu erhalten, die der Hoheit seines Todes so sehr gebühret; eines Todes, den man durch Freuden-Thränen vor andern kenntbar machen muß; eines Todes, den die Engel mit Vergnügen ansahen.

Und soll denn das, was in dem stralenden Lichte des glänzenden Morgens des Christenthums, so sehr sichtbar geworden wäre, durch diese dunkeln Tage, in die Vergessenheit gerathen? Es ist darein gerathen, selbst durch unser heiliges, erhabenes und weites Register des Nachruhms[1]) darein gerathen, welches in seine marmorne Denkmäler den dunkeln Schein von manchen weit niedrigern Verdienste, hat eindringen lassen. Ob es gleich mit seinem Lobe so verschwenderisch, und so geschwätzig von den Todten ist; so schweigt es doch gänzlich von einer Materie, die mehr als irgend eine andere fähig gewesen wäre, seine ungelehrten Steine reden zu lehren. Wenn mir nicht das Vermögen fehlte, so wollte ich in diesem stolzen Blatte ein dauerhafteres Denkmaal, als die von Marmor sind, dem neuen und noch weit edlern Addison aufrichten, als der Addison war, den Sie und das Publicum so lange und so sehr bewundert haben. Und nicht nur diese

1) Das Begräbniß zu Westmünster.

5 Fragment; dennoch 15 A gewünscht; dieses Df. B gewünscht dieses Df. 18 A an dem Tag Df. 27 denn diese Df.

Nation allein hat ihn bewundert; denn er ist Europens Addison, sowohl als der unsrige, ob gleich Europa es nicht vollkommen weiß, wie viel Recht er auf seine Achtung hat; indem es ihm noch unbekannt ist, daß der sterbende Addison seinen unsterblichen Addison weit übertrifft. Wünschen wir ihm ähnlich zu werden? Laßt uns nicht unsern Ehrgeitz bloß auf den letzten glänzenden Theil seines Characters einschränken. Es ist wahr, die Welt krönet hier das Haupt; aber der Himmel krönet nur das Herz: eine Wahrheit, die in diesem Jahrhunderte der Scribenten nicht vergessen werden sollte.

Man kann sich die fromme Hoffnung machen, daß diese Erzählung einigen Eindruck machen werde. Denn alle hören aufmerksam zu, wenn ein Sterbebette redet, und sehen die abscheidende Person als den Schauspieler einer Rolle an, welche der große Meister des Stücks, uns morgen zu spielen bestimmt hat. Dieß war ein Roscius auf der Bühne des Lebens! Klatschet ihm zu! ihr Freunde der Tugend! Und Sie, Mein Freund! lassen Sie uns stets „an sein Ende sowohl, als an das unsrige denken, damit wir nie fehlen mögen". Ich bin

Theuerster Freund,

Ihr

gehorsamst verbundenster

Diener.

(N. S.) In meinem künftigen Schreiben sollen Sie sehen, in wie weit Addison ein Original ist. Ich werde darinn von dieser ehrwürdigen Stelle herab zu seinem bloß menschlichen Verdienste kommen. Und dieser Schritt ist sehr groß, ob ich gleich zu den schönen Höhen der Kräfte seines Verstandes, gelangen werde.

1 denn es ist

Frommannsche Hofbuchdruckerei (Hermann Pohle) in Jena. — 3738

19 LITURGISCHE TEXTE II: Ordo missae secundum missale romanum, herausgegeben von Prof. Lic. Hans Lietzmann. 23 S. 0.40 M.

20 ANTIKE FLUCHTAFELN, ausgewählt und erklärt von Prof. Dr. Richard Wünsch. 28 S. 0.60 M.

21 DIE WITTENBERGER U. LEISNIGER KASTENORDNUNG 1522, 1523, herausg. v. Prof. Lic. H. Lietzmann. 24 S. 0.60 M.

22/23 DIE JÜDISCH-ARAMÄISCHEN PAPYRI VON ASSUAN sprachlich u. sachl. erklärt von Lic. Dr. W. Staerk. 39 S. 1.00 M.

24/25 MARTIN LUTHERS geistliche Lieder herausgegeben von Prof. Dr. Albert Leitzmann. 31 S. 0.60 M.

26/28 LATEINISCHE CHRISTLICHE INSCHRIFTEN mit einem anhang jüdischer inschriften, ausgewählt und erklärt von Prof. Dr. Ernst Diehl. 48 S. 1.20 M.

29/30 RES GESTAE DIVI AVGVSTI, herausgegeben und erklärt von Prof. Dr. Ernst Diehl. 2. Aufl. 40 S. 1.20 M.

31 ZWEI NEUE EVANGELIENFRAGMENTE, herausgegeben und erklärt von H. B. Swete. 15 S. 0.40 M.

32 ARAMÄISCHE URKUNDEN zur Geschichte des Judentums im VI und V Jahrhundert vor Chr., sprachlich und sachlich erklärt von Prof. Lic. Dr. W. Staerk. 16 S. 0.60 M.

33/34 SUPPLEMENTUM LYRICUM, neue bruchstücke von Archilochus Alcaeus Sappho Corinna Pindar, ausgewählt und erklärt von Prof. Dr. Ernst Diehl. 2. Aufl. 35 S. 1.20 M.

35 LITURGISCHE TEXTE III: Die konstantinopolitanische messliturgie vor dem IX jahrhundert: Uebersichtliche zusammenstellung des wichtigsten quellenmaterials von Dr. Anton Baumstark. 16 S. 0.40 M.

36 LITURGISCHE TEXTE IV: Martin Luthers Von ordnung gottesdiensts, Taufbüchlein, Formula missae et communionis 1523 herausgegeben von Prof. D. Hans Lietzmann. 24 S. 0.60 M.

37 LITURGISCHE TEXTE V: Martin Luthers Deutsche Messe 1526, herausgegeben von Prof. D. Hans Lietzmann. 16 S. 0.40 M.

38/40 ALTLATEINISCHE INSCHRIFTEN von Prof. Dr. Ernst Diehl. 64 S. 1.80 M.

41/43 FASTI CONSULARES IMPERII ROMANI von 30 v. Chr. bis 565 n. Chr. mit Kaiserliste und Anhang bearbeitet von Willy Liebenam. 128 S. 3 M., gbd. 3.40 M.

44/46 MENANDRI reliquiae nuper repertae herausgegeben von Prof. Dr. Siegfried Sudhaus. 65 S. 1.80 M., gbd. 2.20 M.

47/49 LATEINISCHE ALTKIRCHLICHE POESIE ausgewählt von Prof. D. Hans Lietzmann. 64 S. 1.50 M.

50/51 URKUNDEN ZUR GESCHICHTE DES BAUERNKRIEGES UND DER WIEDERTÄUFER herausgegeben von Dr. H. Böhmer. 36 S. 0.80 M.

52/53 FRÜHBYZANTINISCHE KIRCHENPOESIE I: Anonyme hymnen des V—VI jahrhunderts ediert von Dr. Paul Maas. 32 S. 0.80 M.

54 KLEINERE GEISTLICHE GEDICHTE DES XII JAHRHUNDERTS herausgeg. von Albert Leitzmann. 30 S. 0.80 M.

55 MEISTER ECKHARTS BUCH DER GÖTTLICHEN TRÖSTUNG UND VON DEM EDLEN MENSCHEN (LIBER BENEDICTUS), herausgegeben von Philipp Strauch. 51 S. 1.20 M.

56 POMPEIANISCHE WANDINSCHRIFTEN UND VERWANDTES ausgewählt von Prof. Dr. Ernst Diehl. 60 S. 1.80 M.

57 ALTITALISCHE INSCHRIFTEN herausgegeben von H. Jacobsohn. 32 S.

58 ALTJÜDISCHE LITURGISCHE GEBETE herausgegeben von Prof. D. W. Staerk. 32 S. 1.00 M.

59 DER MIŠNATRAKTAT BERAKHOTH IN VOKALISIERTEM TEXT herausgeg. von Prof. D. W. Staerk. 16 S. 0.60 M.

60 EDWARD YOUNGS GEDANKEN ÜBER DIE ORIGINALWERKE in einem Schreiben an Samuel Richardson übersetzt von H. E. v. Teubern, herausgeg. von Kurt Jahn. 46 S. 1.20 M.

61 LITURGISCHE TEXTE VI: Die Klementinische Liturgie aus den Constitutiones apostolorum VIII herausgegeben von Prof. D. Hans Lietzmann.

62 VULGÄRLATEINISCHE INSCHRIFTEN herausgegeben von Prof. Dr. Ernst Diehl.

63 GOETHES ERSTE WEIMARER GEDICHTSSAMMLUNG mit Varianten herausgeg. von Albert Leitzmann. 35 S. 0.80 M.

64 DIE ODEN SALOMOS herausgeg. von Prof. D. W. Staerk und Dr. A. Ungnad.

In Vorbereitung befinden sich:

W. Heraeus, Der Maximaltarif des Diokletian.
H. v. Arnim, Supplementum Euripideum.
R. Wünsch, Auswahl aus zauberpapyri.
A. Goetze, Frühneuhochdeutsches glossar.
F. Richter, Lateinische sacralinschriften.
W. Süss, Aristophanes Frösche mit scholien.
E. Ziebarth, Aus der antiken schule.
H. Grégoire, griechische christliche inschriften.

u. a. m.

Frommansche Hofbuchdruckerei (Hermann Pohle) in Jena. — 3738

FSC
www.fsc.org
MIX
Papier | Fördert gute Waldnutzung
FSC® C083411

Kolibri 360 GmbH
Ferdinand-Jühlke-Straße 7
99095 Erfurt, Deutschland
produktsicherheit@kolibri360.de